自動車から発生する
電波雑音に挑む

西尾 兼光
Kanemitsu Nishio

三恵社

まえがき

この物語は自動車から発生する電波雑音防止に挑戦した技術者達の記録である。

日本でテレビ放送開始が決まった時、郵政省の技官等はテレビ放送が円滑に始められるかどうか心配だった。一番の不安材料は妨害電波の混入である。雑音の入らない鮮明な画像放送が出来るかどうかだ。自然界では雷、家での電気機器、工場の機械、自動車などの移動機器、妨害電波は巷に溢れている。

自動車業界では「自動車から発生する電波雑音を防止する」研究委員会が発足した。業界の専門家が集結して自動車から発生する電波雑音を防止する研究委員会である。郵政省やＮＨＫ、大学、自動車メーカーが参加した。時が過ぎて関連する分科会が各所に設立され活動を開始した。自動車工業会、部品工業会、自動車技術会など、委員会が設営され具体的な対策検討が始まった。

入社二年目の主人公森村が社命でこれら委員会に出席、東京営業所所長代理での参加である。何の関心も知識も無いまま委員会に参加、出席回数を重ねる内次第に電波雑音防止技術に目覚め、自らも自動車から発生する電波雑音防止技術開発を始める。そして電波雑音を防止する防止器メーカーになりたいと夢を描く。

森村がそう願うには理由があった。自社の製品が自動車から発生する電波雑音の根源であったからだ。自動車の各所から電波雑音は発生するが、エンジンの点火系から発生する電波雑音が最も強力で、点火系から発生する電波雑音を抑制すればほぼ目的は達成されると確信が持てたからである。自社主力製品の点火プラグ火花放電が主原因の電波雑音である。自社製品仕様の大変革が訪れると直感した。

物語は軽井沢の浅間レース場跡地で行われる二輪車の合同電波雑音測定実験に向かう車中から始まる。三十五歳になった中堅技術者森村が電波雑音測定機器を満載、二輪車メーカー四社、部品メーカー五社、それに分科会長合わせて十名が参集して二輪車から発生する電波雑音の強度と防止技術検討の合同測定である。この時森村は既に点火系から発生する電波雑音防止の理論に精通していた。

企業の中で特出すると必ず妨害者が現れる。価値観が異なる集団であるから当然だ。限りある資源の内から最善の策を選択しなければならない。価値観は立場によって大きく変わる。やり遂げる強い意志が無いと迷走、本意を失ってしまう。クリーンな電波環境構築、大義名分を掲げ電波雑音防止に奔走する技術者集団、防止器の総合メーカーを目指す明快な目標に向かって企業活動が始まった。

現在の液晶ディスプレー大画面テレビ、実に鮮明、素晴らしい迫力だ。雑音など微塵もない。台風情報など暮らしに役立つ情報も同時に伝える、まさに文明の利器である。電波が保有する有難い恩恵だ。完璧なテレビ放送は放送技術の向上が主因であるが、電波環境をクリーンにしたいと汗した技術者達も居た。

自動車から発生する電波雑音とは何なのか、どうして妨害電波が発生するのか、どうしたら防止できるのか、放送局から送られてくる電波と、自動車から発生する電波はどう違うのか、これ等の技術的な課題を明らかにし、電波雑音を防止する防止器総合メーカーを目指して奮闘した技術者達が居た。物語の主人公達である。

自動車のほんの僅かなひと隅を照らした技術者達の記録である。

目次

第一章

浅間高原公開試験

春四月、一台のワゴン車が北軽井沢の浅間高原を目指していた。上信国境にある標高二五四二メートルの浅間山は春の陽光をいっぱい浴びて前方に聳え立っていた。所々に残雪が見え隠れし、鬼押出しから見る優美な姿はハッとするほどの圧巻だった。北軽井沢は標高一〇〇〇メートル以上の高原で、爽やかな春の風が車の窓からいっぱい入り込んでいた。

学生時代学友三人と浅間山に登山に来たことはあったが、はるばる名古屋から一人車を運転してやって来たのは今回が初めてだった。車は小型のワゴン車で、車内は至る所測定用機材が山のように積み込まれていた。今は閉鎖されて静まり返っている浅間火山レース場広場で公開電波雑音試験が行われることになり、その試験に参加するためやって来たのである。公開電波雑音試験は日本自動車工業会（自工会）二輪車対策特別委員会、電波妨害部品分科会主催だった。

電波妨害部品分科会が発足した背景には長い歴史があった。日本で最初にテレビ放送が開始された頃、郵政省が中心となって電波雑音対策の委員会が結成され、各メーカーもこの委員会に参加、テレビ放送が円滑に進展するよう電波妨害の研究が行われるようになった。その流れの一つが二輪車対策特別委員会電波妨害部品分科会である。

二輪車から発生する電波雑音を測定するには雑音の少ない所、工場や人家がなく、平らな所で、電波が反射してくる崖や山が近くにない場所が必要で、ここ北軽井沢の浅間レース場跡は理想的なロケーションであった。

今回の公開試験参加者は、二輪車のメーカー四社、点火装置やその関連品部品メーカー五社と森村の会社の総勢一〇名だった。団長というか、この公開試験のリーダーは島田登、X社用品研究所役員、森村は昔から顔なじみだった。島田がX社の主任研究員の頃電装部品の窓口だったからX社の面談室で度々商談に訪れていた。

名古屋から来たのか鶴舞商会の加藤専務取締役の姿もあった。おそらく埼玉まで出向きX社の島田役員を同乗させて来たと思われた。鶴舞商会に森村も何度か足を運んでいたので顔見知りだった。鶴舞商会はドイツのボッシュ社代理店であったが、加藤専務の時代にプラグキャップの量産に成功し、X社二輪車用にほぼ一〇〇%納入していた。大学は文系の学科を卒業した加藤専務、ボッシュ製プラグキャップを見よう見まねで試作を繰り返し、商品化に成功、X社ともう一社S社にもビジネスを展開していた。点火プラグに装着するキャップであったから、森村の会社、特に技術部とは深い間柄になっていた。

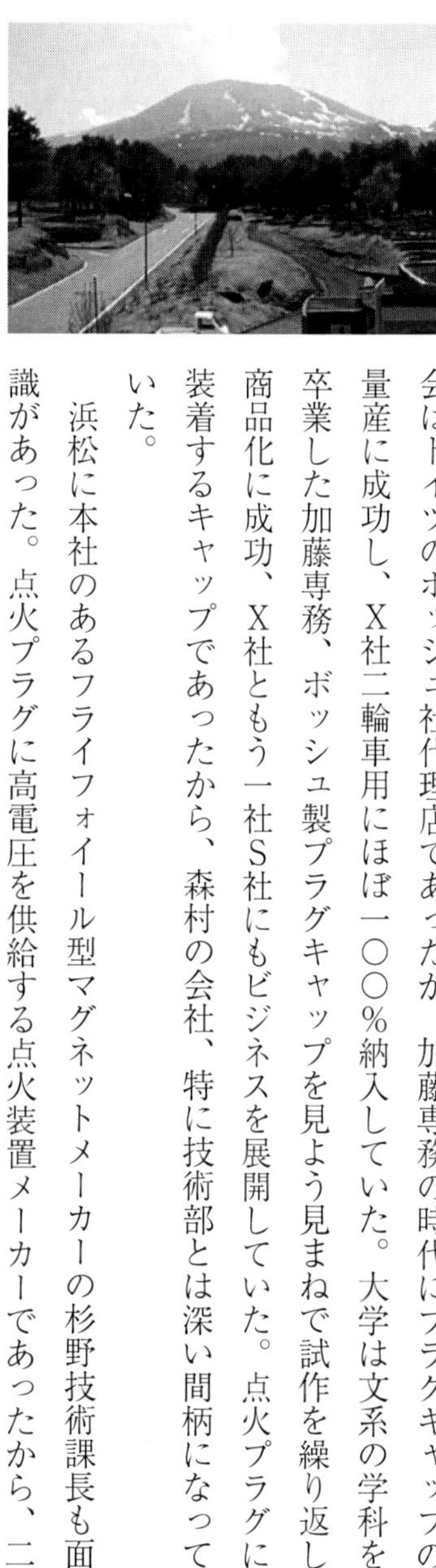

浜松に本社のあるフライフォイール型マグネットメーカーの杉野技術課長も面識があった。点火プラグに高電圧を供給する点火装置メーカーであったから、二

輪車メーカーの立会試験で同席する場面もあって、点火装置の技術論争に汗したこともあった。

電装品の大手愛知電装、プラグキャップメーカー東海電装、菱川電気、それに二輪車のT社とK社、S社から参加があった。森村にとって今回初顔合が多数だった。

「遠方からお集まり頂きまして有難うございます。X社の島田です。どうぞ宜しくお付き合いのほど、お願い致します」

島田がそう挨拶して頭を下げた。浅間牧場に近い旅館のロビーに全員十名が集結していた。森村は電波妨害部品分科会から書状で、集合場所と集合時間、宿泊旅館、試験場所など頂いていたから、定刻の午後一時前に指定旅館に着き、待機していた。

「今日はこれから浅間レース場跡に移動しまして、設営し、試験を始めます。初めての方が多いようですので、簡単に自己紹介をお願いしたいと思います」

ロビーに円陣を作った参加者を見渡すように首を廻して島田が続けた。立ったままである。ロビーには椅子やテーブルもあったから会議室もどきにもなったが、全員起立だった。

「先ほども申しましたが、島田です。自工会電波妨害部品分科会の分科会長です」

「加藤といいます。鶴舞商会、プラグキャップ製造業です。宜しくお願い申し上げます」

島田の隣にいた加藤が頭を下げた。

「森村です。東洋窯業株式会社の技術者です」

加藤の横にいた森村も頭を下げた。

「杉野です。国際電機株式会社社員」

「島本、S社実験担当です」

「青木、T社、開発担当です」

「鈴木、K社、設計担当です」

三人の二輪車メーカー技術者が頭を下げた。

「有森、東海電装社員」

「飯田、愛知電装、社員」

「南川、菱川電気、社員」

全員が短く自己紹介を終えた。

「それでは、現場に行きましょう」

島田はそう言うと、加藤を促し、加藤の車に小走りで向かった。森村も急いで自社の車に向かう、顔見知りの杉野が反対側のドアーから滑り込んできた。まるで競争、五台の車が発車した。現場に到着すると島田が手を挙げて集まるよう声を発した。

「初めての方が多いようですので、試験の概要を説明します。この走路の中心に二輪車を置き、二輪車のハンドルの端から一〇メートル離れた所にアンテナを立てます。二輪車の両側にアンテナを立て、そこから二メートル以上離れた場所に机を置き測定器を並べて測定します。

こちらは私が、反対側は森村さんにお願いします。部品屋さんはそれぞれに分かれてアンテナ操作や、データーの読み取りなど測定者のサポートをお願いします。二輪メーカーの皆さんは試験車両の設定や防止器の脱着など試験車に関わって下さい。最初に計測器の読み合わせをします。それとグランドノイズの測定から始めます」

島田分科会長は慣れておられるようだ。迷いもまったく見受けられない。もう何回もここで経験されておられるようだ。測定器を所有する森村の会社には事前に島田から直接電話もあった。森村も自社で経験を積んでいたから、要領は分かっていた。

「それでは両側に分かれて作業を始めて」

浅間山が正面に見える側に島田グループの測定班が作業台に計測器をセットアップし始めた。森村は浅間山をバックに名古屋から運んできた測定器類を作業台に運び上げた。

「標準発信器を中央に置きますから、先ずこの標準発信器の電波を測って下さい」

島田が森村グループに駆け寄って言った。

「お互いの測定器のレベル合わせですね」

「そうです、最初に確認しておきましょう。グランドノイズの計測もお願いします」

「分かりました」

「測定ポイントなども合わせたいのでデーター用紙も用意しました」

島田がA四サイズの紙束をドサッと作業台に置いた。森村も専用の記録紙を持って来ていたが、整合性を測る意味から島田の用意周到な手配りに感心した。

「杉野さん、標準発信器のアンテナの端から一〇メートル離れた所にアンテナを設営して下さい。ここに巻尺があります」

森村は測定の準備を始めた。反対側の島田班も測定用のアンテナを立て始めた。

「グランドノイズから始めて」

島田が立ち上がって大きな声を出した。森村は右手を空に向かって高く上げた。了解の合図のつもりだった。

「杉野さん、測定周波数は、三〇、四五、六五、九九、一二〇、一五〇、二〇〇、二五〇、三〇〇、五〇〇、七五〇メガヘルツ（ＭＨｚ）の一一ポイントです。その都度アンテナの長さをこの周波数の波長に合わせます。合わせた状態で電界強度を計測します、よろしいですか」

森村が杉野に言った。

「電界強度の測定ですか、そう言われても、どうセットすればいいかわかりません」

杉野が勤務する国際電機はまだ電波雑音の測定などやっていないようだ。

「自動車のカーラジオのアンテナと同じ、ホイップアンテナ、伸び縮むあれですよ、引っ張ると伸びますから、長さ調整できます、それと同じ」

「そういわれても、どれだけの長さにすればいいのか」

「ここに写真があります」

森村は写真に写ったダイポールアンテナの一覧表を用意していた。そこには周波数とアンテナ長さの関係が一目瞭然、それを見れば誰でもアンテナ操作が可能だった。こうして浅間高原レース場跡で合同試験がスタートした。

「標準発信器のスイッチを入れて下さい」

島田の指示が飛んだ。

グランドノイズの測定に続いて標準発信器の電界強度を測定した。

「どうですか、測定結果は」

島田が森村の所に小走りでやって来た。腰の軽い人だと思った。

「比べてみましょう」

島田が二枚の測定結果を太陽に向け、透かして見た。

「いいですね、ぴったり一致ですな」

森村は感心した。島田が渡した記録用紙には数値を書く欄のすぐ下にグラフ用紙が印刷されていた。数値を書き込みながらグラフ用紙に点を書き入れるようになっていた。同じ記録紙だから重ね合わせてみれば違いは明白である。

「感心しました。さすが分科会長」

森村は心底、たいした方だと敬服した。

「実車測定に移りますね、S社の島本さん、オートバイを用意してください」

試験用の二輪車が浅間山と平行に置かれ、二輪車のハンドルの橋から一〇メートル離してアンテナが立てられ、エンジンがかけられた。

「エンジン回転数、二五〇〇にセットして下さい」

島田が言った。島本が回転計を見ながら、スロットルレバーをコントロールした。

「エンジン回転、二五〇〇、セット完了」

島本が大声で手を挙げた。こうして実車測定が開始された。防止器のない状態、抵抗入りプラグキャップ、メタルシールド抵抗入りプラグキャップ、抵抗入りプラグ、抵抗入りプラグコード、それぞれ単品と組み合わせ、膨大な試験項目である。

「最初は現状レベルの計測です。島本さん、防止器は着いていませんよね」

分科会長が言った。

「着いていません」

「防止器なし、測定を始めて下さい」

分科会長が立ち上がって森村に声をかけた。

「杉野さん、アンテナ三〇メガにセット、先ほどと同じ要領でお願いします」

「はい、了解、アンテナ上げます」

アンテナに入力する電波雑音の強さを電界強度計のメーターで読み取る。同時にスピーカーから音を聞く。電波雑音はバラツキの大きな現象であるから、一分間ぐらいの間の最大値を読み取る。だから一通りの試験、一一ポイントを計測するのにかなりの時間を要する。両側で同時測定であるから、時間のずれも生じるから、一回目の測定が三〇分近くもかかって終了した。

「次は抵抗入りプラグキャップ、エンジンを止めて交換、島本さん」

分科会長の声が飛ぶ、島本が抵抗入りプラグキャップを持って駆け出した。二回目は抵抗入りプラグキャップ、三回目はメタルシールド抵抗入りキャップ、四回目は抵抗入りプラグ、五回目は抵抗入りプラグコード、それぞれ単品、さらにこれらの組み合わせも予定されていた。各社二輪車の電波雑音レベルを計測し、最も効果のある防止器を探し出す目的もあった。

抵抗入りプラグを除き全ての防止器は鶴舞商会の加藤専務が準備した。お客様のX社島田用品研究所役員直々の依頼であれば最優先で準備されたと想像がつく。現に森村も各社の機種名を確認してそれぞれに適合するテストサンプル、抵抗入りプラグを優先事項として用意していた。

「この測定を最後にします」

島田が全員に分かる大きな声で言った。長い春の日も浅間山に沈みかけていた。紅に西の空が赤く染まっている。夕焼けである。

測定機材を撤収して旅館に帰着する頃周りは薄暗い夕闇になっていた。旅館は寝室三部屋と大きな居間兼用の様な会議室が予約されていた。森村、杉野、有森の三名がスズランの間、青木、島本、鈴木の二輪車、三名はリンドウの間、分科会長の島田、加藤、飯田、南川の四名はシャクナゲの間と部屋割りがあった。部品屋が気を使わない様、配慮が伺えた。

「疲れたよ、どうですか、森村さん、疲れません、トイレ休憩も無かったですね」

国際電機の杉野が割り振られた部屋に入るなり言った。

「僕は加藤さんから聞いていましたので、予想はしていましたが熱心でしたよね、夕食は七時半だそうですからゆっくり風呂に入りましょう」

森村は杉野を誘って風呂に入った。風呂から上がって食堂に行くと全員が既に食事を始めていた。瓶ビールも何本か食卓に並んでいた。

「九時から会議室で反省会があるそうです」

加藤の横が空いていたのでそこに座ると、加藤が小さな声で言った。

「反省会ですか」

森村は思わず口走った。

「いつものことです、何か頼まれたでしょう」

「いいえ、何も」

「そうですか、分科会長、君に頼んだとおっしゃっていましたが、そうですか」

森村は急に不安になった。反省会で何かしろとは聞いていない。

杉野が持ち前の笑顔で、瓶ビールを持ち上げ森村のコップに流し込んだ。とても宴会の雰囲気ではなかったが、それでも杉野と杯を交わした。食後二人はそろって会議室の扉をあけた。分科会長が前面に座り、対座して二列机が並び、前列に四人後列に三人が座っていた。森村と杉野は慌てて後列の空いた席に座った。

「皆さん、お集まりのようですので本日の反省会を始めます」

分科会長が座ったまま発言した。硬い雰囲気である。

「本日はご苦労様でした。遠方から来ていただいた方が多いようで恐縮です。初めて参加された方が多いようですので、これからの予定、話しておきます。明日は六時から測定を始めます。終了は今日と同じ六時、明日の夜も九時から反省会、最終日は午前中で測定は終了、現地解散、データーは報告書にして後日お送りしますが、持ち帰りたい方は旅館でコピーできますので、終了日旅館まで私と同行願います」

誰も口を開かない、静まり帰っている。

「前に参加された方には重複しますが、今回も初参加の方が多いようですので、合同試験を始めるようになった経緯や、意義目的、目標など、私の所感を交えて少しだけお話させて頂きます。宜しいですか」

よろしいですかと言われても席を外すことなどできそうにない。

「電波雑音の話が出たのはいつ頃だと思いますか」

だれも発言しない。

「昭和二十八年ごろ、日本でテレビジョン放送を始める時代が来て、テレビ受信に際して何か障害が起こるようなことはないかと、郵政省の中の特別委員会で専門の方々が集まって原因と対策の検討が始まりました。

妨害電波源として家電製品、送電線、鉄道など業界ごとの検討グループができていて、その中の一つに自動車関係がありました。自動車の中でも二輪車が注目されました。四輪車でも電波雑音は出ていますが、エンジンが車体の鉄板など金属で覆われていますから、シールドされている状態に近く、ある程度雑音レベルが下がると考えられます。

二輪車はご存知のごとくエンジンが露出していますから、四輪車に乗ってカーラジオを聞いていますと、そばをオートバイが通り抜けますとバリバリとなりますね。テレビ放送が始まるとこれは問題だとなったわけです。

　そこで郵政省中心の電波雑音対策委員会ができました。この対策委員会に各メーカーから代表が集められて、立ち合いで測定などして、それをどう防止したらいいのか、そういう問題をずっと検討していました。X社では私が代表として対応して来いという事で、委員会に出たわけです。

　業界団体としては、その頃は小型自動車工業会（小自工）の時代で、小自工の中に二輪車メーカーの他に軽四輪メーカーの人達が集まって、郵政省の電波技術審議会の専門委員会と連絡を取りながら、業界としてどう対応していくかということを皆で検討し始めたわけです。

「何か質問ありますか」

　誰も発言しない。

「小自工は昭和四十二年に日本自動車工業会（自工会）と一緒になりましたが、自工会の中に入ってからもこの仕事は意義があるから続けるべきだということになって、二輪車対策特別委員会の中に電波妨害防止部品分科会というのを残したわけです。それで年一回ぐらい皆で一緒になって合同測定を始めました。場所はいろいろでしたが、浅間レース場跡がいいということで、ここでの測定が多くなりました。今回は四回目ですね、ご苦労様です」

　島田が合同測定に至った経緯を一気に説明した。

「テレビ放送開始がきっかけでしたか、大変勉強になりました」

　杉野が発言した。話に軽い感じがしていたが、杉野の発言は同感できた。森村も初めて聞く興味ある内容だった。

「郵政省が発起人だったと考えて宜しいですか」

森村も何か言わないと申しわけない感情が膨れ上がった。

「テレビ放送に障害が出ることを心配したからでしょうね、郵政省です」

「有難うございました。大変いい話を聞かせて頂きました」

森村は明確な目標が見えた気がした。ありがたかった。

「他に質問ありますか」

誰も発言しなかった。皆さん疲れているようだ。

「ありませんか、今日測定した結果が欲しい方は申し出て下さい。宿にコピー機がありますから、用意できます。明日もこの時間に反省会を開きます。明日は森村さんに電波雑音のメカニズムとその防止法についてお話頂きます。何しろ点火プラグがノイズの張本人ですから、分かりやすいお話を期待しております。本日はお疲れ様でした」

島田の閉会発言で本日の反省会は終了となった。


「起きてください、起床」

島田の声が響いた。森村はとっさに時計を見た。五時三〇分を少し過ぎていた。外はもう明るい、話し声が聞こえて来た。身支度も早々に車に乗り込んだ。加藤が運転する分科会長同乗の車が発車した。我先に昨日の測定場所へ向かう。競争である。こんな朝早くから仕事をするのは初めての経験だった。

先行した加藤の車から測定機材が下ろされている。遅れてはいけないと森村も昨日と同じ場所に作業台を置き、計測器を運ぶ、皆が駆け回っている様子が目に入る。六時前に準備完了、エンジンが回りだした。今日はX社のオートバイが朝霧の中に排気ガスを靡かせている。慌ただしいが活力が漲っているよう思えた。

「防止器無しから始めます」

島田が大きな声をかけた。

「了解しました。こちらもスタンバイOK」

森村が大きく拳を突き上げて言った。こうして二日目の合同測定が始まった。測定を始めて一時間半ぐらい過ぎた頃、島田が立ち上がった。

「手の空いている人、手分けして宿から朝食、運んで下さい」

島田が朝食を運ぶよう声をかけた。朝食抜きで試験場に来たから、適当な時間が来たら宿に帰り、みんな一緒に朝食だと思っていたので森村は驚いた。分科会長さんは本当にすごい人だと改めて感じ入った。車二台が宿に向かった。

旅館から借りて来た組み立て式の長い台の上に朝食が並べられた。味噌汁もあった。鍋を抱えて運んできたようだ。

「オートバイのエンジンを止めて下さい。測定は一時休止、一緒に朝飯食べましょう」

分科会長の声がかかった。森村と杉野は椅子を持って朝食が並んだ台の前に座った。食べながら測定を続けるのかと思っていたが、台に並んだ朝食を見てこれは無理だと悟った。朝は七時半ごろから朝食、昼は旅館に帰ってランチ、食後に旅館の会議室で電波雑音発生メカニズムなど説明会があるものと思っていた。大違いだった。朝五時半起床、六時から仕事開始、朝食抜きで、夕方六時まで丸々十二時間の作業だ。しかも夜九時から反省会、その席で話をしなければならないとは、体力が持つのか心配になった。

「浅間山を身近に見ながら朝ごはん、旨いね」

杉野さんは陽気でいいなあと思った。今朝も春の陽光が燦々と降り注いでいた。

「エンジンをかけて、測定再会」

分科会長の発声で全員持ち場に駆け足である。きびきびした動作は気持ちがいい。

森村は会社のロゴが入った黄色のつなぎを着ていた。会社の作業着である。ロードサービスをするような目立つ格好で測定を担当していた。お昼は宿の番頭さんがかつ丼を運んできた。これなら食べながら仕事ができると分科会長は読んだのだろう。コーヒーもあった。大きな魔法瓶二本である。手がすいた二輪車メーカーの技術者が重そうに持ち回って森村の所にも持ってきた。

二日目の作業はエンジントラブルもなく順調に進んだ。夕方太陽が浅間山に沈むと急に寒くなる。名古屋と比べると七〜八度は違うようだ。高原特有のからっとした湿度の低いせいなのだろうか、体感温度が違う気がした。

「お疲れのところすいません、今日も皆さんのご協力で作業は順調に進み沢山の良いデーターが取れました。昨日お約束しましたように今夜は森村さんから電波雑音の基本的なお話を頂戴します。時間制限はありませんのでじっくりと、やって下さい、お願いします」

分科会長が九時から始まった反省会で挨拶した。時間制限なしと言われても明日朝五時半の起床であるから、手短にと思った。

「お疲れのところ恐縮です。分科会長さんから一か月ほど前、点火プラグが発生源だから何か話せと言われておりまして、まさかこんな夜遅くになるとは思っていませんでした」

「アラビアンナイトだと思ってやってよ」

杉野が笑いながら言ったので、全員の笑いを誘った。

「杉野さん、有難うございます。千一夜物語でなく点火プラグの話で恐縮です。資料を用意しましたので、資料に沿って三〇分ほどお時間頂きます」

「春の夜も長いですから、時間は気にせずにやって下さい」

分科会長がまた発言した。

「はい、わかりました」

森村は素直に反応した。森村が点火プラグの放電電流に関して電気学会秋季学術講演会で発表したことを島田は知っていた。島田がX社で電装品業務に携わっていたころ、電気学会の前刷集に掲載した論文を持って行ったことがあった。もう一〇年も前のことだが島田はそのことを覚えているようだ。点火プラグの放電電流と電波雑音が深く関わっていることを本能的に察知しているように思えた。

「甚だ幼稚な話から始めてすいません、電波を発見したドイツ人のヘルツさんの実験の話をします」

「森村さん、資料一のイラストですね、これよく書けているわ、一目で分かる」

杉野はおしゃべりが好きなようだ。

「杉野さん、有難うございます。ヘルツの実験は有名ですので電子工学の本などこにも載っていますから、ご存知の方も多いと思いますが、この絵の左側で火花放電させたところ右側に置いていた一部が欠けた銅のリングに小さな火花が生じたのです。これを見て、ヘルツ博士は驚いたと思います。左側で大きな火花を飛ばすと、右側のリングに小さな火花が飛ぶ不思議な現象です。ヘルツは大きな火花からエネルギを持った何かが放射されていると考えました。

ヘルツがこの実験を始める以前にマックスウェルという方が電磁波の存在を予言していました。そうだこれが電磁波だとヘルツは飛び上がって喜んだことでしょう」

「森村さん、火花放電が起こると何故電磁波が発生するの」

杉野がまた発言した。分かっている感じだった。

「火花放電が起こるとパルス状の急峻な電流が発生します。振動電流とも呼んでいます。この振動電流が開かれた線路に流れますと、その開かれた線路から電磁波を放出します」

「開かれた線路とは、つまりアンテナのこと」

「杉野さんよくお分かりで、そうですアンテナにパルス状の振動電流が流れますと電磁波、電波が発生します」

「点火プラグの火花放電も同じような電流ですか」

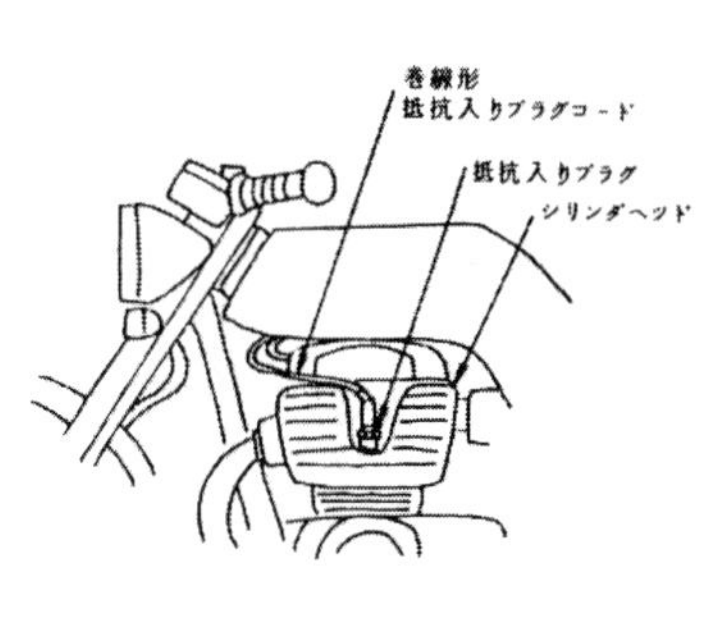

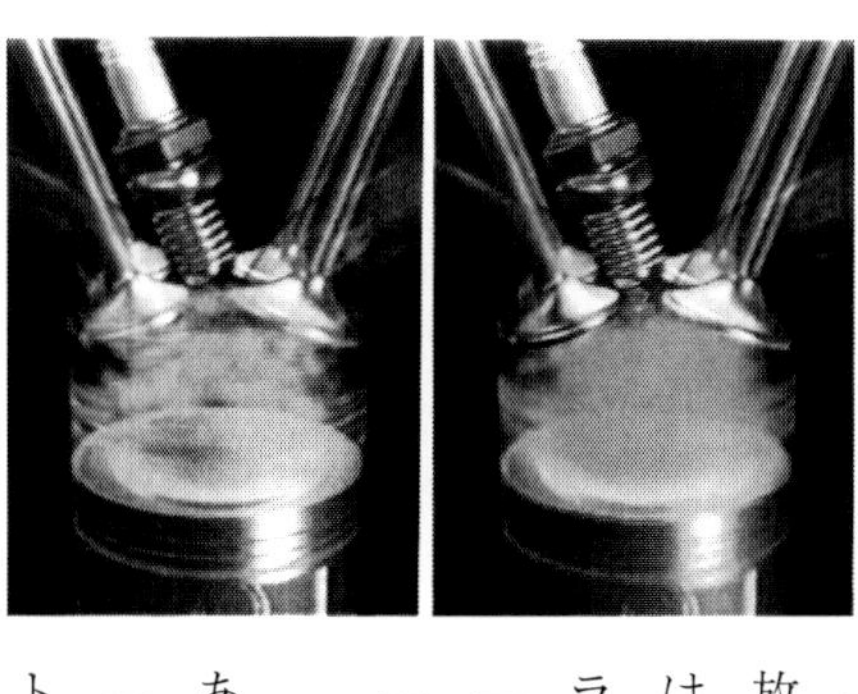

杉野がまた発言した。

「コンデンサ容量の違いが出ますが、類似です」

「なるほど、二輪車の点火プラグが発生源ですか、森村さん困りますね、あんたが悪人だ」

「資料二をご覧ください。今杉野さんが指摘されましたように二輪車のここに点火プラグが装着されていまして、エンジンを始動しますと点火プラグが火花放電します」

あんたが悪人だと言われたが気にせず、話を続けた。

「この図のように二輪車のシリンダーヘッドに装着された点火プラグが火花放電、パルス状の振動電流が流れて、車体全体から電磁波が放射されます、図は防止器をつけた状態ですが、防止器に関係なくエンジンをかければ点火プラグは火花放電します」

「点火プラグが火花放電するからエンジンが回るのです」

「T社の青木さん、有難うございます。その通りです」

珍しくT社の青木が発言した。悪人呼ばわれされた森村を弁護する響きがあった。

「資料三ですが、エンジンに装着された点火プラグの機能を説明するイラストです。左側はガソリン混合気を吸い込んで圧縮した状態です。右側は点火プラグが火花放電して、その火花熱源で混合気が点火、燃焼している状態です。混合気に火をつける役目をおおせつかっているのが点火プラグの火花放電」

「森村さん、僕も十分わかっています。火花放電の大屋ですから」

「杉野さん、ご心配無用、プラグが火花放電するには高電圧を頂戴するマグネット屋さん、ご本家ですから」

「ヘルツが発見した電波をビジネスにした男がいましたね、若造でしたか」

分科会長まで脱線してきた。

「若干二十一才のマルコーニですね、ヘルツが発見した電波を情報伝達の道具にしようと、皆さん頑張られたようですが、アンテナを発明したマルコーニが勝利、無線通信に初めて成功、火花発信器を内蔵した無線機の商品化に成功、一躍大金持ちに出世です」

「情報伝達に電波を使う、大した発明だと思います。おかげでテレビも楽しめるようになりましたし、電波を使った伝達手法は限りなく発展します。いいですね」

愛知電装の飯田が立ち上がって発言した。自分も参加していると表明したかったのだろうか。いずれにしても森村には有難い発言だった。

「情報伝達に電波を使う、よりよく電波を使うために電波環境のクリーン化が必要、オートバイがクリーン環境を損なうようではダメだ。妨害電波を出さないオートバイ造りこそ我々業界の使命、明日もまた早朝から頑張りましょう。森村さん有難う、今夜はこれでお開きにします」

森村が用意した資料の半分も説明していないのに、分科会長は意気揚々と席を立った。約束の三十分はとっくに過ぎていたから、分科会長の判断は正しかったようだ。

「森村さん、起床です」

分科会長の島田が森村を起こしに来た。外はまだ真っ暗だった。電燈をつけたので枕元に置いていた腕時計を見た。午前三時を指していた。

「分科会長、まだ三時ですよ」

「雨が降りそうなので、今から始めたい」

「真っ暗ですよ」

「大丈夫、サーチライトを持ってきているから、それで明かりは取れる」

「他の部屋の皆さんにも声をかけた。加藤さんはもう車に向かっている」

分科会長はそう言って足早に森村達の部屋を出た。眠気が一気に覚めた。

「杉野さん、行きますよ」

五分もたたずに森村は車に向かった。分科会長を乗せた加藤の車は既になく菱川電気の南川が車を出そうとしていた。森村も暗闇にライトをつけて測定場にアクセルを踏んだ。

測定場には明々とサーチライトが幾つも大地を照らしていた。

まるで競争だ。二輪車が据えつけられ、測定器が並び、アンテナが立った。暗闇の中で測定が始まった。今夜は満天の星が見えない、曇っているからだ。昨夜は眩いばかりの満天星空だったのに残念。三日目で慣れたとはいえ昨夜も反省会があったから四時間ほどしか眠っていない。X社の社員はいつもこんなに働いているのだろうか、島田さんは特別だと思った。そうではなくX社では日常茶飯事なのかもしれない。

測定を始めて二時間が過ぎたころ周りは明るくなった。サーチライトを消しても測定器の針が読めるようになった。空は厚い雲に覆われている。今にも雨が来そうな天候だった。島田さんの読みが正しかったようだ。雨が降れば測定は出来ない。測定マニュアルマに車体が濡れた状態で測定しないと明記されている。

森村はこの合同測定に参加して本当によかったと思った。多くのことを学んだ。仕事に対する取り組みも学んだ。東洋窯業株式会社はいい会社だと思った。少なくとも朝の三時から作業することはない。それにしても、目標を達成するには努力が不可欠だと、痛感させられた合同測定会だった。

第二章
勝負ありか

「勝負ありか」

技術部長後藤が短く一言つぶやくように言った。昨日送られてきた最新鋭のデルコ社製抵抗入り点火プラグが実験室の作業台の上に置かれていた。第五技術課課長の上村が夜遅くまで掛かって用意した、内部がよく分かるカットサンプルである。

調べたいサンプルを樹脂で固め、ダイヤモンドカッターでちょうど半分になるようカットする手法である。真ふたつに割るようにカットするから内部の構造が鮮明に観察できる。分解できない磁器や硬い金属でモールドされた製品の調査には単純な手法であるが威力を発揮する。

ライバル社の製品も硬い磁器からできているのでこの手法が用いられ、何個か作業台に並べられていた。森村は作業台に並べられたカットサンプルから一つ取り上げた。

「森村君、どうかね」

技術部長の後藤がカットサンプルをじっと見つめる森村に声をかけた。

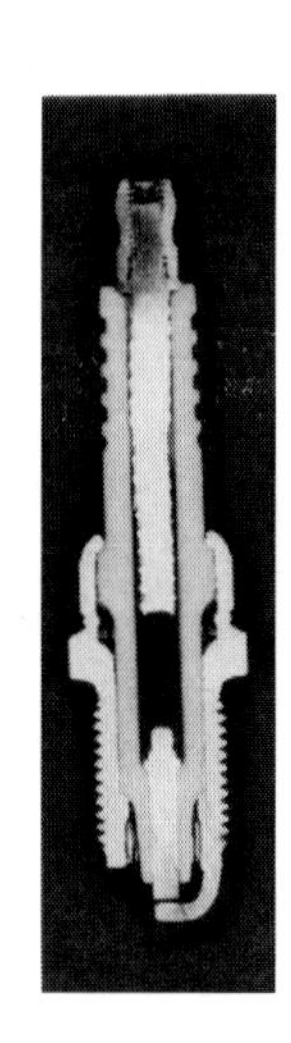

「素晴らしいできあがりです」

森村はカットサンプルから目を逸らさずに言った。白い絶縁体の中に真黒な抵抗体が挿入されていた。真っ黒な抵抗体は雄ネジと呼ばれる鉄製の端子とニッケル合金で作られた中心電極間に形成されている。おそらくガラス粉末に混入された抵抗体になるカーボン粉末を高温で溶解し押し固めて造られたと思われた。それにしても見事な出来上がりである。

「素晴らしいできですね」

森村はサンプルから目を外さず再度同じ感嘆の言葉を口にした。初めて見るライバル社の抵抗入りプラグである。森村の掌にガラスで封印された黒色の抵抗体が強固に封印された見事な出来栄えのサンプルがあった。

「見事です」

森村はサンプルを凝視しながら何度も感嘆の声を出した。

「弊社開発品と比べてどうかね」

部長が森村の掌にあるサンプルを覗き込んで心配そうに発言した。

「時間を掛ければ同等になると思います」

森村はなんで部長が自分にこんな質問をするのかと訝しげに答えた。

「アメリカの技術は凄いな、感心した。森村君もそう思わないかね」

部長は気にもしないで森村の掌からサンプルを取り上げて言った。

「二課の鈴木君にも見てもらうが、電波雑音に詳しい君に最初に観て欲しくてね」

部長の言う二課は点火プラグの設計部隊で鈴木は技術二課の課長である。ライバル社の調査や客先の要望する点火プラグの設計全般を担当していた。ライバル社の調査に専門チームができていた。だから今回のGM車用点火プラグもそちらが担当窓口だと森村は思っていた。

森村正雄、入社十三年目の三十五歳、某私立大学の電気工学科卒、電気工学の技術者である。セラミック系の会社であるから窯業工学、機械工学、材料工学を学んだ技術者が多く、工業高校出身者も窯業科卒など電気工学科卒は希少人材であった。希少人材の一人が森村だった。

自動車部品を主力生産する部品製造会社であったが、社長の高岡が技術者上がりだったせいか、自動車技術会や自動車部品工業会など自動車に関わる各種委員会のメンバーに登録していた。技術部長の後藤は機械工学科出身、第五技術課の課長は窯業工学科、技術二課の鈴木も機械工学科出身だった。

自動車関連の各種委員会窓口は東京営業所所長の管轄だった。日本自動車工業会（自工会）、自動車部品工業会の会合や各種委員会に出席して情報を集めていた。ただ自動車技術会だけは名古屋にある本社が窓口を勤めていた。

東京営業所の所長がメンバーである自工会に自動車から発生する電波雑音を防止する委員会があって年に何回か会合を開いていた。東京営業所の所長がこの委員会のメンバーになっていたから、彼は事細かく本社技術部長の後藤にその内容を報告していた。

自動車から発生する電波雑音を防止するこの委員会のメンバーは大学教授や自動車会社の技術者、郵政省技官、自動車研究所研究員など技術系の専門家で構成されていたから、文系の東京営業所の所長は早くから本社の技術者がメンバーになるよう要望を出していた。ちょうどそんな頃森村が電気工学卒の肩書で入社し、後藤部長の配下になったこともあって入社二年目の森村に声がかかった。

「電波雑音の委員会に東京営業所長代理として出席してくれ、これは社命である」

入社二年目の森村は東京営業所所長の代理として何の予備知識もない状態で、自動車から発生する電波雑音防止委員会に出席するようになった。あれからもう十一年になる。郵政省中心の専門家集団に近いこの委員会で森村は影の薄い存在だった。委員会では影の薄い存在であったが、社内ではいつの間にか電波雑音を防止する専門家と評されるようになっていた。

ラジオ放送やテレビ放送は電波と呼ばれる電気的なエネルギを持った光のような物が介在して行われる。光を受けると人の五感で暖かく感じる。暖かく感じるのは光がエネルギを持っているからである。光は電磁波と言われ、電波も電磁波である。放送局から送られてくる電波を受信してラジオが聞け、テレビ放送が見られるが、ここに自動車が入ってくると自動車により放送電波に影響を及ぼす恐れがある。分科会長の話にもあったがテレビ放送開始で郵政省はテレビ放送を妨害する妨害電波の対策に苦慮したようだ。

何か新しい事業を始めるとき誰もが心配する事象の一つだ。自動車からの電波雑音がテレビ放送に影響を及ぼすのではないかと。だから実態をよく調査する必要があった。自動車から発生する電波雑音防止委員会はテレビ放送に障害となる事象の除去が議題の一つであった。

森村は自動車から発射される電波雑音の根源は点火プラグであると分かっていた。点火プラグが火花放電するとパルス状の急針な振動電流が流れることを観測していたからである。委員会でたまにそんな発言もするが、東京で開かれるこの委員会では片隅の存在だった。しかし社内では電波雑音の通と評されていた。

テレビ塔からテレビの電波が放射、テレビアンテナでこの電波を受信、テレビ放送を楽しめるが、ここに自動車が到来すると自動車から放射される電波もテレビアンテナに受信され、テレビ塔から送られてくる電波と混在してしまう。

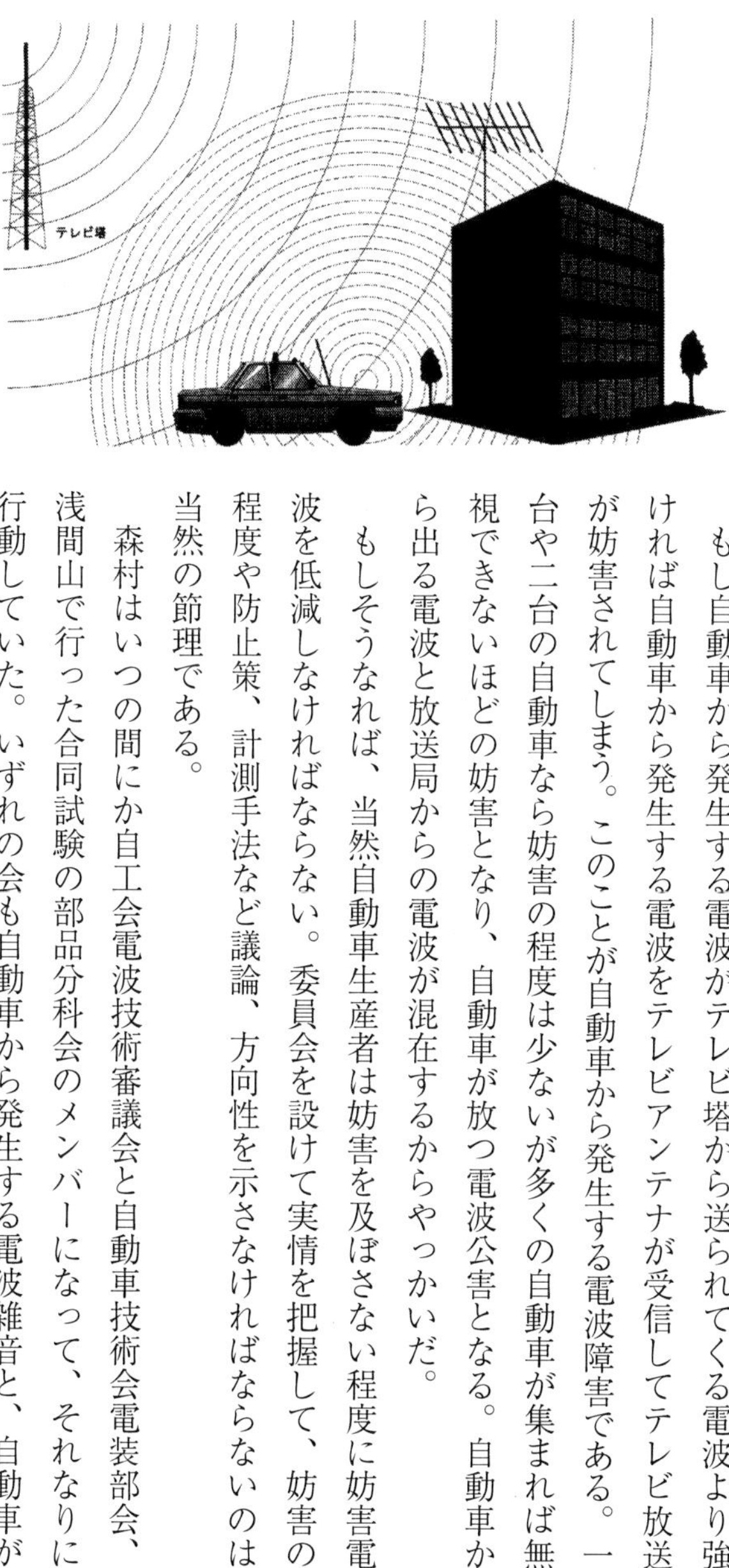

もし自動車から発生する電波がテレビ塔から送られてくる電波より強ければ自動車から発生する電波をテレビアンテナが受信してテレビ放送が妨害されてしまう。このことが自動車から発生する電波障害である。一台や二台の自動車なら妨害の程度は少ないが多くの自動車が集まれば無視できないほどの妨害となり、自動車が放つ電波公害となる。自動車から出る電波と放送局からの電波が混在するからやっかいだ。

もしそうなれば、当然自動車生産者は妨害を及ぼさない程度に妨害電波を低減しなければならない。委員会を設けて実情を把握して、妨害の程度や防止策、計測手法など議論、方向性を示さなければならないのは当然の節理である。

森村はいつの間にか自工会電波技術審議会と自動車技術会電装部会、浅間山で行った合同試験の部品分科会のメンバーになって、それなりに行動していた。いずれの会も自動車から発生する電波雑音と、自動車が搭載している電子機器に障害を与える電波障害を議論し、具体的な対策を審議する委員会だった。

最初は委員会情報を会社に報告する程度であったが、自動車から発生する電波障害の根源が会社の主製品である点火プラグからだと判明して、情報収集程度では済まない状況になり始め、社内で電波雑音を計測する機器も購入、委員会で社内データーを発表したことも度々だった。

自動車からの電波雑音防止委員会の会議内容は森村が所属する第三技術課課長渡辺に逐次詳細に報告していたから、後藤部長にも伝わっていた。森村が真っ先に呼びつけられ、サンプルを見せられたのもそんな背景からである。何とかしろと無言の圧力を感じた。


自動車はとても快適で便利な乗り物であるが、走る凶器とも言われ、交通事故で尊い人命が奪われる。車が沢山集まれば排気ガスが充満して、光化学スモッグなど大気汚染を招き排気ガス公害となる。騒音も時には問題となる。加えてこの電波障害である。

テレビがちらちらして映りが悪くなったり、カーラジオにポツポツ、ガリガリとノイズが入ったりすることがあり、加えて自動車が搭載している電子機器にも障害を与える。電波障害、大気汚染、騒音、この三つが自動車の三大公害といわれ、自動車から発生する電波雑音を自動車技術会でも具体的な対策が議論されるようになった。

森村は技術第三課に所属していた。技術三課は特殊なエンジン用点火プラグの担当だった。特殊なエンジンとはロータリーエンジン、スノーモービル、船外機、チェンソー、草刈機、発電機などに搭載する汎用エンジン、それに二輪車などである。

電波雑音を防止する抵抗入りプラグは自動車や二輪車向けに少量用途があったので特殊プラグとして三課の担当だった。抵抗入りプラグは電波雑音を防止する点火プラグで、雑音防止委員会でも話題になっていたので、この委員会に席を置く森村が所属する三課担当だった。

「丹羽君、ちょっと来てくれ」

自席に戻った森村が配下の丹羽を呼んだ。

「これ、見てくれ」

部長から渡されたGM車用抵抗入りプラグのカットサンプルを自分の机の上に並べて指をさした。

「ほおっ、これが噂のモノリシックタイプの抵抗プラグですか」

丹羽は掌に載せてじっくり観察した。

「よくできていますね」

「勝負あったなと部長に言われたよ」

「確かに、見事な出来栄え、勝負あり、部長の言う通りですね」

「君まで、勝負ありなんて、言ってほしくないね」

「弊社のカートリッジタイプとは比べようもない素晴らしいできですよ」

丹羽はカットサンプルを頭上高くかざしながら言った。

「そう、感心されても困るんだ、」

「部長から指示されたでしょう、三課でやれと」

「部長は何も言わなかったが、GM車に採用されたとなると、次はフォード車、日本車だって、要求が出てくるよな」

「森村主任の担当だと、部長は暗黙の了解ですよ」

「米国には自動車から発生する電波雑音を規制する法律はなかったはずだが」

森村は独り言のように言った。

「カナダにあります。カナダ向けでしょうか」

「僕が委員を務める電装部会の電波障害防止委員会で規制の話はカナダとヨーロッパかな」

「自動車技術会の電装部会ですか」

「そう、自技会、君も知っているように米国はボランティアで法規制はない」

「GM社は率先して規制値を満足する自動車を市場に出す、自動車王国の貫録でしょうか」

森村は腕を組んで丹羽を見た。

「日本車もアメリカ輸出を始めましたから、今すぐにも手を付けないと、これは大変な事態になりますね」

丹羽は真剣な顔つきになった。

「僕はもう五年も前から課長に進言しているが、造り方が違うだろう、なかなかゴーサインが出なかった」

「部長に話されたら如何ですか」

「部長は薄々分かっているよ」

「課長もこのカットサンプルを見たらびっくりするだろうな」

森村は早くこのモノリシックタイプを直属課長に見てほしいと思った。

「海外出張中だから残念ですね」

「僕は入社十三年目、自称技術屋を名乗っているがたいした業績も残していない、そろそろ集中して事に当たろうと考えていたが、いいテーマが見つかった気がする。公害対策、自動車の電波雑音も排気ガスによる大気汚染と同じで公害なんだ。電波雑音を撲滅する、大義名分だよな。少しでも公害を少なくする物造りのテーマ、大義名分だよこれは」

「そうですよ、絶好の開発テーマです」

丹羽が森村の発言中に割り込んで言った。サラリーマン技術者が大義名分を掲げて業務に邁進できるチャンスは極めて稀である。大義名分が理にかなっていれば課長や部長はおろか社長だってその気にさせる魔法の力を持っている。今それが目の前にある、そんな気持になった。

第三章

GMの戦略

昭和四〇年代半ば頃のGM社は自動車王国アメリカの帝王だった。売上高は小さな国の国家予算を上回る程の勢いだ。自動車から発生する電波雑音を軽減する抵抗入りプラグの採用は時代を先取りする戦略だと森村は考えていた。ヨーロッパの自動車メーカー、とりわけドイツ車は独自な対策を施していた。完璧主義に走るドイツ車と合理的経済面で特筆を呈すアメリカ車との対比で、アメリカ車に軍配が上がると森村は思った。

〝自然の摂理に合った合理的な量産手法取り込んだ抵抗入りプラグの開発〞ちょっと長い題名になったが、森村が書き上げた開発計画書である。開発の狙いは防止効果の高い防止器の開発、モノリシックタイプの抵抗入りプラグに重点が置かれていた。

海外出張から帰った第三課の課長、森村の直属上司は森村の書いた開発計画書に同意した。GM車が採用した抵抗入りプラグのカットサンプルが威力を発揮したのは言うまでもない。日常業務に追われていたから、専任技術者は高専卒入社九年目の丹羽と工業高校卒入社十一年目の浅井、入社二、三年目の新人二人が専属となった。

少なくとも十名ほどの精鋭を集め、社を上げた独立専門チームの総力戦でなければ、とても短期間でライバル社に追いつけない。森村は熱い気持ちになっていたが、少数精鋭で頑張ってほしいと直属の上司命令となれば従わざるを得ない。実態がまだ十分把握していないから大勢投入しても烏合の衆になる恐れもあった。まずは実態の把握である。

自動車から発生する電波雑音についてこれまでにいくつか報告があった。浅間高原での合同試験は参考になった。報告書の多くは確心がぼけていた。浅間高原のように自分達が現場に出て、実験し測定しなければ自動車から発生している雑音電波撲滅を図る防止器など開発できるわけがない。

妨害の程度がどれぐらいか、雑音の根源はどこにあるのか、どうすれ雑音電波を低減できるか、低減の具体的な手法、防止器はどうあるべきか、これらを一つ一つ実験、実測して確かめる必要があると森村は思った。

電波雑音を計測する電界強度計は一式既に入手していた。浅間高原にも運んで実測に参加した。あの計測器があったから分科会長とも親しくなれた。アンテナを含めた計測器一式はアンテナを立てる三脚もあるからかなりの容積となり、これを現地に運ぶのにワゴン車のような車が必要になる。

測定場所は浅間のレース場跡のように、人家から遠く離れ、開かれた山間僻地、山の上のキャンプ場とか、川原、高原など名古屋から遠方である。浅間の時はサービス課のサービスカーを借りて出かけたが、専用の車があれば便利である。

「お早うございます、課長お願いがありまして」

善は急げと、課長席で頭を下げた。

「なんですか」

温厚な課長は座ったまま言った。

「電波雑音計測器一式運ぶ車が必要ですので」

「どこへ運ぶの」

「山間僻地、この間の浅間高原とか、朝霧高原、瀬戸の山の上のキャンプ場広場とか」

「技術棟の屋上ではダメなの」

「工場や人家の近くでは」

「電波雑音ってそもそも、何を計測するんですか」

「電界強度を計測します」

「電界強度と言われても機械屋には理解できないが」

「電波の強さの単位は電界でして、自動車から出ている電波の強さを計測します」

「電波の強さを測って何が分かるの」

エンジンを設計できるほどの技量を持つ森村が日々尊敬している優れ者の技術者でも専門分野が違うとまるでとんちんかんになる。

「実験用の車が何台かありますね、あれを改造したら使えませんか」

課長は現実的な話をした。実験車なら後部座席を取り外したりして車内を改造しても実験に支障がない。

「分かりました、考えてみます」

意気込んで出かけたものの腰砕けの感ありだった。よく考えてみれば専用の測定車両など非合理だと理解した。それにしてもあの優秀な課長が電波のデンの字も知らないのに驚いた。

そもそも電波とは何なのか社内に啓蒙しておく必要を感じた。電波がどのような原理で放射されるのか、遠い所に情報を送ることができる素晴らしい能力を持つ電波とは、どんな物なのか、実態を把握し社内にＰＲしなければならないと思った。途方もない世界に足を踏み入れて行く、わくわく感が森村を包んでいた。

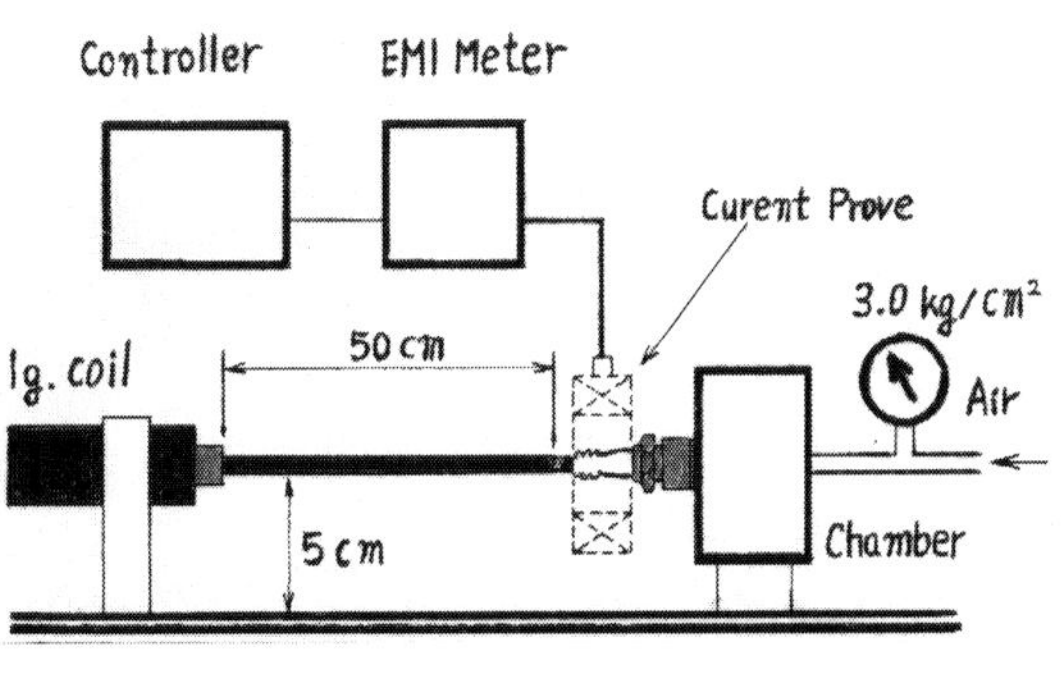

「海外出張から帰国されて、部長さんからお聞きと思いますが」

課長席で森村が話かけた。

「あの、ＧＭ車のプラグのことですね」

「そうです。ＧＭ車が採用した抵抗入りプラグのことです。実車測定はまだですが減衰量を測ってみました」

「減衰量って、なんなの」

「点火プラグを火花放電させ、放電電流がどれぐらい減衰するかを調べます」

「どうやって減衰量を測るの」

渡辺課長も技術者だ。抵抗入りプラグの優劣を比較する計測手法に興味を持った。

「手製の実験装置ですが、点火コイルから五十センチメートル（cm）離して加圧チャンバーに取り付け、三気圧（kg/cm^2）に加圧、火花放電させ、放電電流をカレントプローブで検出、電界強度計で計測します。放電電流は多くの周波数成分を含んでいますから、この電流を電界強度計で測れば減衰量が出てきます。この値を比較すれば優劣が判明します」

森村は測定レイアウト図を課長に見せて減衰量測定の方法を説明した。

「結果はどうでしたか」

課長が心配顔で質問した。

「当社のカートリッジタイプとほぼ同じ結果でした」

「そう、うちと比べて遜色ないかね」

「かなりいい感じです」

「モノリシックタイプの抵抗入りでも十分防止効果があると言う事ですか」

「同等以上と思います」

「そうですか、やはりね」

課長に落胆の様子が見えた

「ところで森村君はＧＭ車が抵抗入りを採用した理由は何だと思いますか」

「カナダ輸出を想定した対策だと思います」

「カナダの電波規制は以前からあると君から聞いているが、規制が厳しくなったのかね」

「カナダの規制値は変わっておりません」

「今度の新車はそれとも規制値を満足させられなかったからかな」
「それもあるかもしれませんが、最新型の電子機器を搭載したからではないでしょうか」
「電子機器にも影響があるの」
「電波技術審議会の委員会で電磁環境が議論されています」
「聞きなれない、電磁環境って」
「自動車に多くの電子機器が搭載されるようになりまして、これらの電子機器は半導体部材から構成されていて、ノイズに弱い機器です」
「エンジンルームにノイズが多いということ」
「エンジンルームやその他の車内で電界強度が高くなると予測したからではないでしょうか」
「GM社の戦力かもしれんな、技術の先取りですか」
「そうだと思います」
「となれば、次はフォード車も採用するね」
「多分、近々米車は全てモノリシックタイプの抵抗入りでしょう」
「大変な事態になるな、僕も電波のこと勉強しなきゃあな」

森村が勤務する会社の本社は名古屋市にあった。本社に隣接して工場もあり、本社工場だけでも月産五〇〇万個以上の点火プラグを製造していた。点火プラグは正式名、スパークプラグと呼ばれ、ガソリンエンジンの点火を担っている。

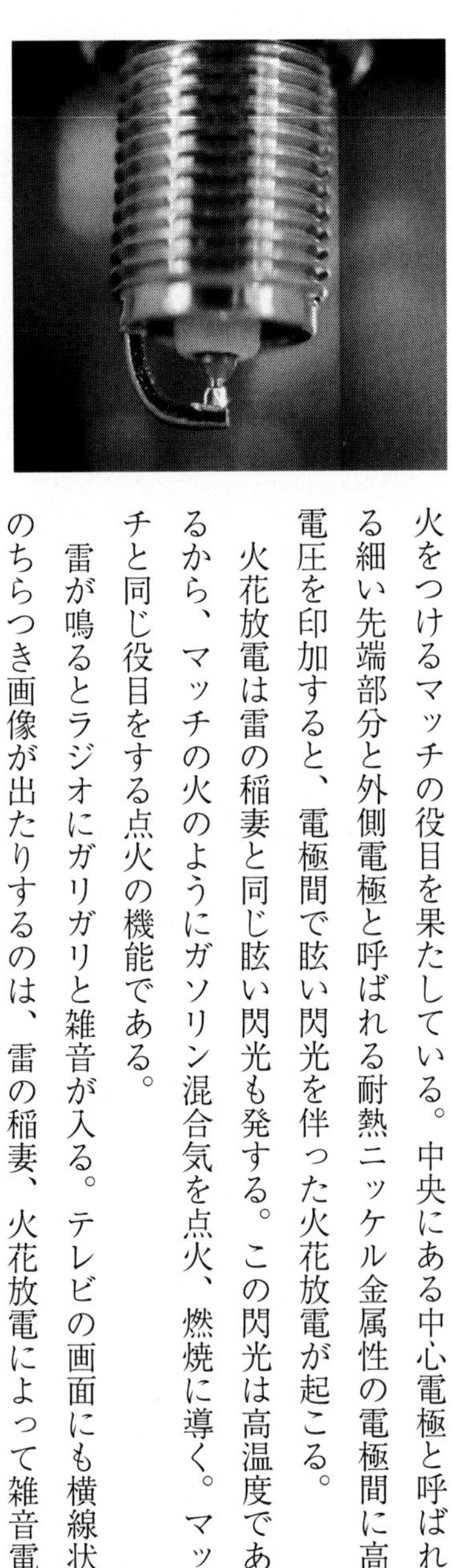

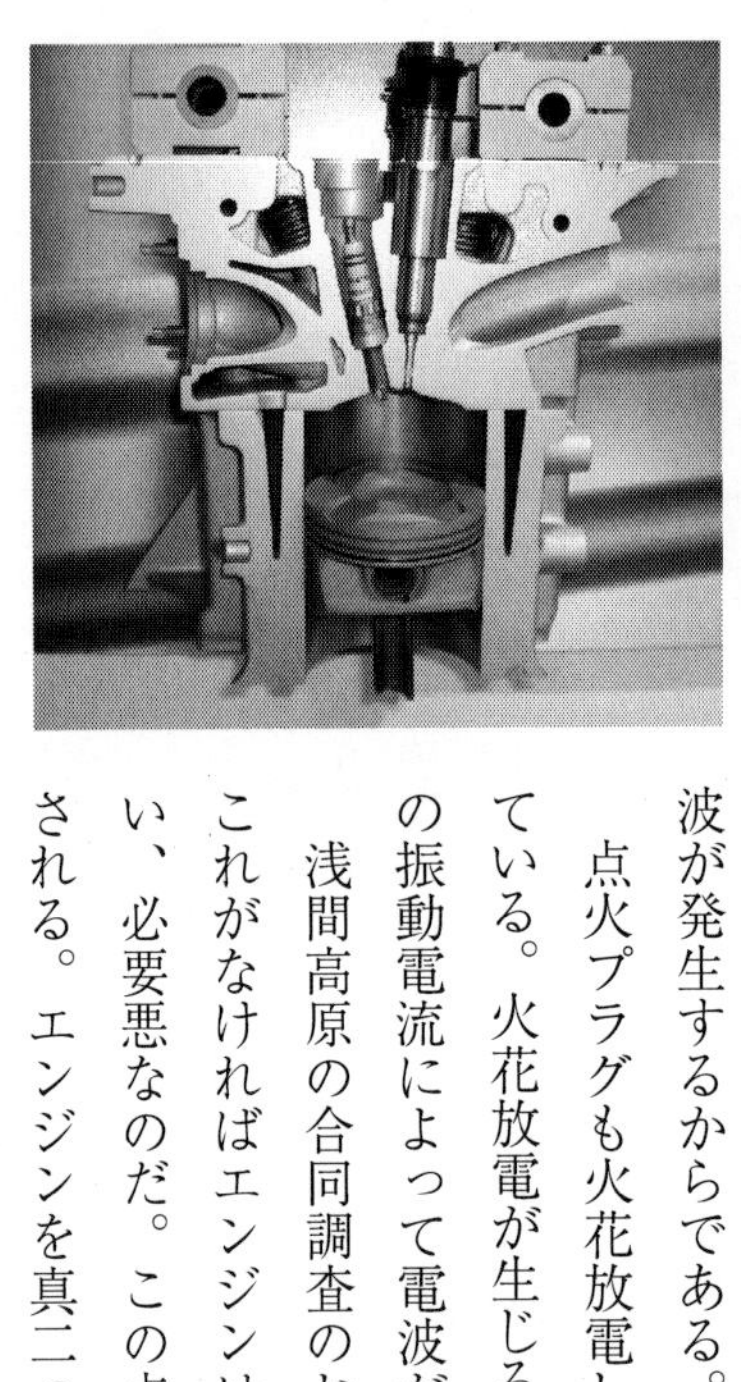

ガソリンエンジンは火花点火機関とも呼ばれ、燃料となるガソリンに火をつけるマッチの役目を果たしている。中央にある中心電極と呼ばれる細い先端部分と外側電極と呼ばれる耐熱ニッケル金属性の電極間に高電圧を印加すると、電極間で眩い閃光を伴った火花放電が起こる。

火花放電は雷の稲妻と同じ眩い閃光も発する。この閃光は高温度であるから、マッチの火のようにガソリン混合気を点火、燃焼に導く。マッチと同じ役目をする点火の機能である。

雷が鳴るとラジオにガリガリと雑音が入る。テレビの画面にも横線状のちらつき画像が出たりするのは、雷の稲妻、火花放電によって雑音電波が発生するからである。

点火プラグも火花放電しているから雷と同じように雑音電波を発生している。火花放電が生じるとパルス状の先鋭な振動電流が流れるから、この振動電流によって電波が発生する。

浅間高原の合同調査のおり悪代官とののしられた点火プラグであるが、これがなければエンジンは回らないから、悪代官と言われても致し方ない、必要悪なのだ。この点火プラグは通常エンジンの中央あたりに装着される。エンジンを真二つにカットすると内部の構造がよく分かる。噴射ノズルの脇に問題のプラグが装着されている。

アルミダイキャストでできたシリンダと丸い円盤状に見えるピストンの空間にできた燃焼室にガソリンが噴霧され、霧状の混合気体に点火プラグの火花放電によって点火、爆発的な燃焼を得る構造になっている。

高電圧を燃焼室内に導入して、火花放電させるレイアウトである。火花放電させるには二〜三万ボルトもの高電圧が必要になるから、この高電圧に耐えられる絶縁体としてセラミックが使われている。爆発的な燃焼によって燃焼室内の圧力が高くなるから、この圧力にも耐えられる堅牢な防爆性能が要求され、燃焼ガスが漏洩しない構造になっている。ガスが漏れない栓の様な形状から昔は点火栓とも呼ばれていた。

火花放電という電気的な機能と、燃焼による高温度に耐え、燃焼ガスが漏れない防爆構造と高度な技術製品である。点火プラグを製造している会社は日本に二社、米国に三社、ヨーロッパに四社あり、多くの点火プラグ製造会社は他の機能部品も並行して製造、点火プラグのみを生産している会社は稀である。

点火プラグはエンジンの心臓とも呼ばれ、エンジン性能に大きく関与するから、競争の激しい自動車メーカーや二輪車メーカーの機関設計部門から、毎日のように問い合わせや要望が出され、後藤部長をトップに森村グループも日夜多忙を極めていた」

「森村さん、渡辺課長がお呼びです。会議室まで来るようにと」

勤続二五年のベテラン書記が呼びに来た。

「おお、森村君、君も同席してくれ」

「客先のX社からクレームで、熱価の幅がAK社より狭いと、それで設計担当の西山グループと対策会議中だ」

課長の渡辺が会議内容を説明した。

「ちゃんとコンペしているし、内のプラグがライバル社より狭いはずがない。データーを見せて反論したが、今月から納入停止だと、むちゃくちゃ言われて困っている」

西山主任が顔を赤らめて言った。不満いっぱいの表情だ。

「それで、アチラさんのサンプル貰ってきた。コンペせよと言われて、実機エンジンでプレイグニションを計測して、それでプレイグニションテスターが必要になった。大至急一台用意してほしい」

西山が早口で続けた。

「昨今二輪メーカー間でも馬力競争が盛んになって、エンジン性能がどんどん向上している。耐熱性に秀でた要求が急増中だ、君のところも忙しいが助けてくれんか」

課長から直々に言われたら断るすべもない。

「分かりました。すぐ用意します」

森村の会社は航空機用のプラグも生産している。種類は千にもなる。航空機用プラグは全て電波雑音防止用になっている。全体を金属で覆うシールドタイプが多かったが中には抵抗入りもある。抵抗体をあらかじめ用意して、その抵抗体をプラグの中に挿入した構造である。

実験グループ担当のこれも仕事の一つだった。本社だけでも月産五〇〇万個以上生産、その内の二十%はメーカーへ直納だったから、エンジン技術担当者から厳しい要求が毎日のように舞い込んできた。

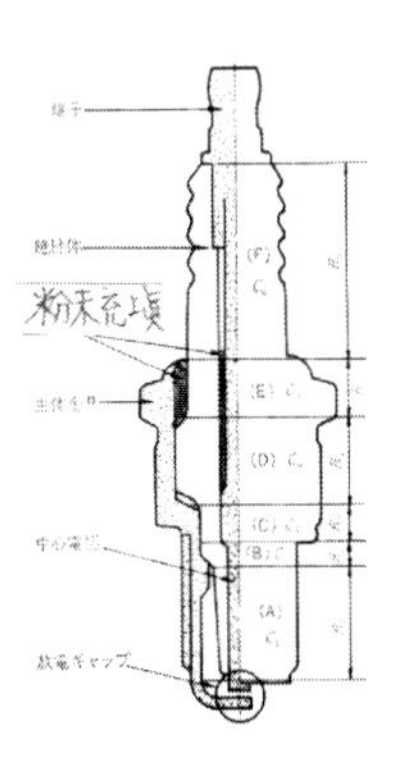

燃焼室内で火花放電させるため点火プラグの外観は太いボルトの様な形状になっている。二、三万ボルトの高電圧を燃焼室内に導くため、ブッシングに似た絶縁体の中に中心電極と呼ばれる棒状の電極が挿入され、端子に接続された高電圧が、放電ギャップに送電され、火花放電となる。中心電極は粉末充填手法と呼ばれる、滑石粉末を何回かに分けて充填、加圧して強固に固められ、絶縁体と中心電極間を封着して燃焼ガスが漏れない構造になっている。世界中には九社の点火プラグ製造会社があるが、米国の一社と森村の会社の二社だけがこの粉末充填手法で点火プラグを製造している。

レシプロエンジン搭載の航空機用抵抗入りプラグはこの滑石充填タイプで、端子と中心電極間に抵抗体が挿入されている。端子と中心電極間に直列に抵抗体が挿入されているから、端子に加えられた高電圧は抵抗を通過して放電ギャップに印加される。放電ギャップで火花放電が起こり、火花電流が流れると、この火花電流は挿入された抵抗体で抑制され、小さくなるから雑音電波の発生も小さくなる。

自動車大国アメリカには世界最大の点火プラグメーカーチャンピオン社があり、チャンピオン社は粉末充填タイプを生産している。森村の会社はチャンピオン社を手本にしていたから必然的に粉末充填タイプを本社工場だけでも月産五〇〇万個生産出荷している。

世界にある九社の内二社だけが粉末充填タイプを生産、残りの七社はグラスシール製法を採用している。製法の相違点は明白である。

グラスシール製法は、まずガイシに中心電極を挿入する。挿入した中心電極の上部に銅ガラス粉末を充填し、中軸を圧入する。圧入した状態で電気炉かガス炉により九〇〇（℃）前後に加熱し、ガラスを溶かした状態にして中軸をさらに圧入する。冷却すると銅ガラスが固まり、ガイシ、中心電極、中軸が密に固着する。

絶縁体に中軸（雄ねじ端子）と中心電極がグラスシールされた状態が接合体である。接合体は中心電極がグラスシールによって強固に封着されているから密封構造となり燃焼ガスは漏洩しない。

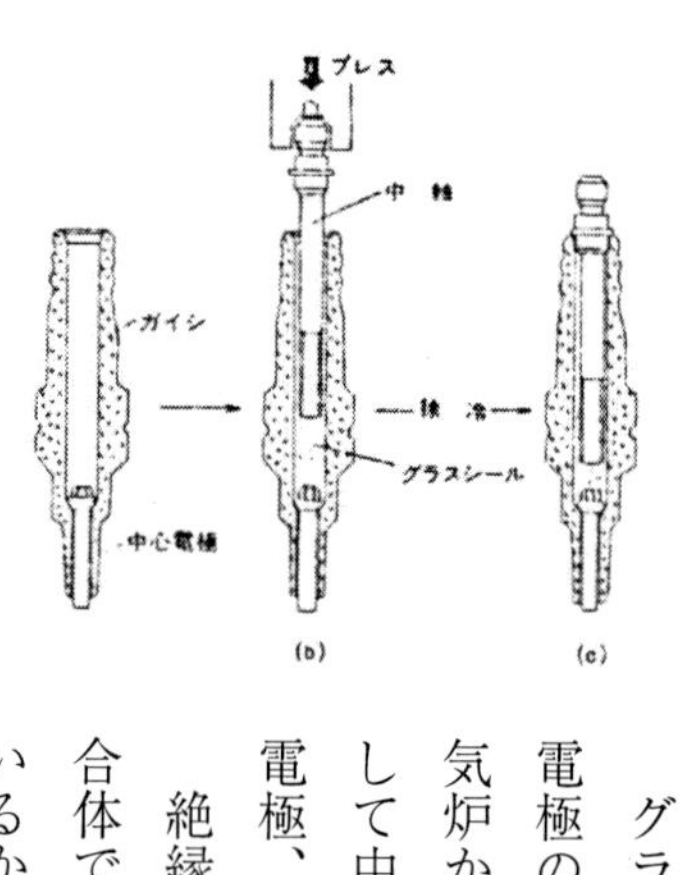

GM車が採用したACデルコ製抵抗入りプラグはこの手法で生産されたグラスシールタイプであった。見事だと誰もが称賛したGM車装着のプラグはグラスシールタイプであった。日本にあるもう一社のライバル社もグラスシールタイプを生産している。グラスシール手法の抵抗入りへの転換は誰の目にも明らか、生産設備の変更も軽微で、すぐにも量産できる。

森村の会社が長年生産してきた手法は粉末充填タイプで、充填粉末に使う滑石の材質や調合方法、充填方法や封入圧力など細部にわたってノウハウを蓄積、製法に自信を持っていた。しかし誰もが称賛したGM車採用のグラスシールタイプ抵抗入りプラグを前に、その合理性は明らかだった。グラスシールへ変換となると、大幅な設備変更を伴うし、変更への条件出しに一から取り組まなければならず、果して勝算あり得るのか、森村の不安は高まるばかりだった。

常にライバル社と比較、競合の渦中にあって、誰も量産優位と評したGM車用抵抗入りプラグは、常にライバル関係にあるもう一社の製法と同じである。短時間でこれまでほとんど経験のない構造へのシフトが可能なのか、森村は事の重大さに震えが止まらなかった。こんな重大事を弊社は誰も気が付いていないのではないか。滑石充填からグラスシールヘターニングポイントをむかえているのに、誰も気が付いていない、社の存亡を危惧せずにはおられなかった。製法が全く異なり、内部構造も違っているから、外観は同じでも別物、東洋窯業株式会社にとって新製品だ。

「お早うございます、少しお時間頂きたいですが」

次の朝、森村は部長に話しておいた方がいいのではと、課長がいないのを幸いに部長席に近づいて頭を下げた。

「何だね、改まって」

部長が怪訝な顔をして森村を見つめた。

「実はGM車採用プラグのことで」

「君に最初に見せたあのカットサンプルのことか」

「そうです、あの抵抗入りプラグの話ですが」

「グラスシールタイプだから心配になったのか」

部長も少しは心配してくれていたのかと安堵の気持ちが先行した。

「そうです、昨日もAK社製プラグと比較され、納入停止と言われ大騒ぎでした」

「AK社製がグラスシールタイプだからか」

「そうです、モノリシックタイプの抵抗入りプラグを造ろうとすると、グラスシール手法しかありません。弊社は長年滑石充填タイプを生産してきて、グラスシールの経験はほとんどゼロです。一から立ち上がらなければモノリシックタイプの抵抗入りプラグは出来ません。大変なハンディです。皆さん気が付いておられるのでしょうか」

森村はこれまでの心配ごとを口にした。

「僕はもちろん心配している。だがうちでも経験している。君も知っているだろう。」

「チェンソー用の短いプラグです」

滑石充填する充填寸法が短すぎてうまく滑石充填できないからやむを得ずグラスシール製法を採用している全長の短いプラグである。

「そうだよ、あのプラグはグラスシールだ。できることなら避けて通りたいがね」

「避けて通れますか」

「君も知っているように、我々の師匠はチャンピオン社、彼らは独自な選択をすると思うが、今のところ何も行動を起こしていないようだ」

「チャンピオン社からうちが学んだ手法は、こと抵抗入りでは通用しないと思いますし、自然の摂理に反します。完敗するかもしれません」

「おいおい、脅かすなよ、それにしても困ったことになりそうだな」

「近々のことですが、心配です」

「研究部の浜田君、彼は長年グラスシールの研究をしているから相談してみたらどうかね」

部長は穏やかに言った。

「大変な事態が到来するのではと心配になりまして、進言しました。失礼します」

森村は一礼して自席に戻った。部長は事の重大さを実感しているのか分からなかったが気にしていることは分かった。弊社のグラスシールの実力がどれほどあるか丹羽君にも同席させて、浜田研究部長と面談してみようと思った。

「丹羽君、ちょっと来てくれ」

廊下で立ち話をしている丹羽を森村が呼んだ。

「研究部の浜田研究部長に面談したいと思っている、君の都合を聞いておきたいが」

「今週は客先アポもありませんから、いつでもＯＫです」

「長年グラスシールを研究中と聞いているので、弊社の実力を伺おうと思ってね」

「グラスシールに製法変換ですか」

「君はどう思うかね、部長に進言したんだが、部長もあまり心配していないようだった」

「製造部長から技術部へ転籍された部長さんですから、製法変更はやりたくないでしょう。主任もご承知ように製造部の力は絶大ですから」

設計変更のつど頭を下げてお願いしてきた状況を森村も思い出した。

「技術部長さんから製造部長さんに転籍された山田部長さんも、立場が変われば言う事が違ってきたと皆さん戸惑っておられます」

丹羽が製造部長を批判めいた口調で言った。

「以前にも話したように、僕はもう五年も前から抵抗入りプラグの時代が来ると課長に進言してきたが、とうとうその日がきたと思う。その日がきたのに我が方は何も準備をしていない。技術部長だって心配だと言ってくれたが、僕らに任せきりだ」

森村は不満だった。部の総力戦が必要だと思った。明日にも自動車メーカーから抵抗入りプラグの引き合いが来る、そうなったら、対処できるのか、ライバル社の意向が気になってしかたがなかった。

第四章

研究部長の手腕

東洋窯業株式会社、本社研究部長浜田照夫は東京工業大学窯業工学科卒のエリート研究者である。現在五十二歳、入社以来研究部在席、配下も七十数名、次期取締役昇進の第一候補に挙がっている優れものである。アメリカの化学メーカーコーニング社やクレバイト社と交流があり、技術提携の窓口も担っていた。東洋窯業株式会社はオールドセラミックと呼ばれるタイル、レンガ、炉材等と、アルミナセラミック応用自動車部品、窒化ケイ素や窒化アルミ部材、チタニアセラミック、ＰＺＴ系セラミックといったニューセラミック製品を市場に出していた。浜田は入社以来ニューセラミックの分野に功績を残してきた人物である。

森村が初めて浜田と接触したのはX車で重大なクレームが発生した時であった。X車に装着されたレース用二輪車で点火プラグの絶縁体にクラックが生じ、割れたセラミックが排気バルブを直撃、エンジンが急停止する人身事故にも繋がるエンジントラブルが発生した。

点火プラグの絶縁体は高純度のアルミナセラミックで造られている。アルミナセラミックが何故割れたのか、原因と対策を早急に報告せよと怒りを伴った罵声である。森村の上司渡辺は真っ青になって浜田の所に駆け込んだ事例があった。森村は真っ青になった課長と同行していた。そして森村は当時の浜田部長と渡辺課長のやり取りを鮮明に覚えていた。

「割れた原因を浜田さん伺いたい」

渡辺はX車に装着、破損した点火プラグの発火部を浜田の胸元に差し出して言った。

「熱衝撃で割れたと思います」

手に取って割れた発火部のセラミックを見て浜田が言った。

「使用条件とか、どんな使われ方をしたか分かりますか」

浜田が続けて発言した。

「レース中の事故ですから、詳細は不明ですが、割れた原因が熱衝撃だとしますと、温度差が相当あったかと」

渡辺は自力でエンジンを設計できるほどの技量があり、燃焼温度の解析にも優れた業績があった。過酷な状況下で起こった事故だと思っていた。

「渡辺君、割れたセラミック部分の温度は分かりますか」

「フルスロットルで高回転だと、九〇〇（℃）から一〇〇〇（℃）近くでしょうか」

「仮に一〇〇〇（℃）だとしましょう、この状態でエンジンブレーキをかけたらどうなりますか」

「急冷ですね、エンジンブレーキでは燃料は燃えませんから」

「割れた原因はそれでしょう。セラミックは急激な温度変化が加わるような条件下では常に壊れやすいという危険を伴います」

「だとしても、エンジンブレーキが原因でしたと報告できますか」

同席した森村は二人のやり取りから、なぜ自分がここに居るのかを自覚した。熱衝撃試験機を作り、どれだけの温度差になったら割れるのか実験して明らかにしなさいと命ずる為だと思った。

過去に森村は渡辺課長の依頼で熱衝撃試験機を作った経験があった。発熱材となるニクロム線をコイル状にして、このコイルの中に絶縁体を挿入、通電して加熱、工場エアーを吹き付けて急冷、この繰返しを二十四時間連続して行う耐久熱衝撃試験機である。温度差や急冷の速度など調整できる実験機を作ってデータを取得、原因究明と対策を講じる腹だと思った。渡辺課長のよくやるスキルである。

「渡辺君、研究部には高度な分析装置があります。この割れた所の破断面も解析できますよ」

渡辺課長や森村の思いが通じたのか浜田が新たな提案をした。

「走査型電子顕微鏡ですか、よく知っています」

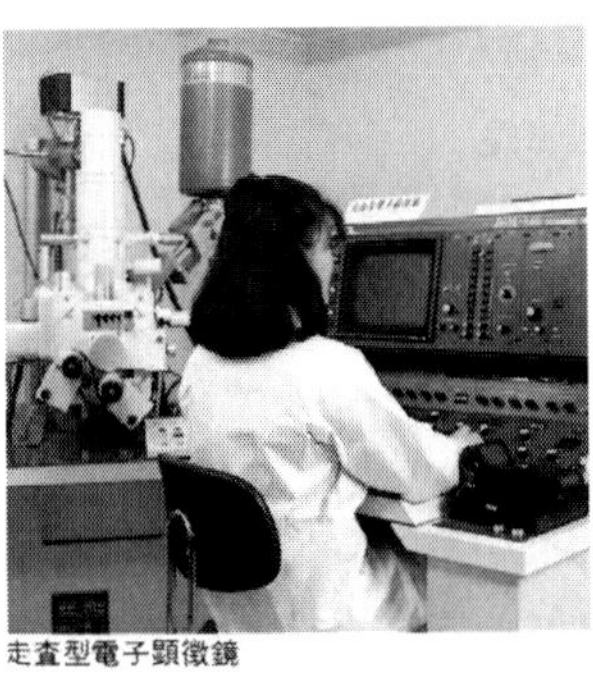
走査型電子顕微鏡

「渡辺君は機械屋だから金属の機械的性質など金属のことはよくお分かりだと思いますが、セラミックは理論強度と実際の強度に大きなくい違いがあります。何故ならセラミックは複雑な多結晶体からできています。セラミック多結晶体は微細な結晶が集まって接合された集合体で、結晶粒子、結晶粒界、気孔の三要素で構成されています。

組織的に不整な構造を取る多結晶体では、今回のように外力が加わった場合、極端に弱い部分がでてくる可能性があります。通常欠陥と呼んでいますが、結晶体が欠けている場合とか、結晶粒子の異常成長、気孔部分の割目など、外部から力を加えますと外部応力の集中が起こり、理論強度よりはるかに低い値で破壊します。渡辺課長もご存知のSEM写真です、欠陥があったかどうか見ることができます」

「もし、欠陥があって割れたとなったら、設計上の重大クレーム、大変です」

渡辺が悲壮な声を出した。

「SEMの写真とセラミック微構造の模式図ですが、左側の写真、セラミック多結晶体を千倍に拡大したもので、右側はセラミックの結晶、結晶粒界、気孔の模式図です。走査型電子顕微鏡で割れた破面を見れば、欠陥があったかどうか確認できます」

浜田はA4サイズのSEM写真とセラミック微構造の模式図を示して発言した。

「熱衝撃で割れたかどうかも判別できますか」

「難しいですがやってみましょう」

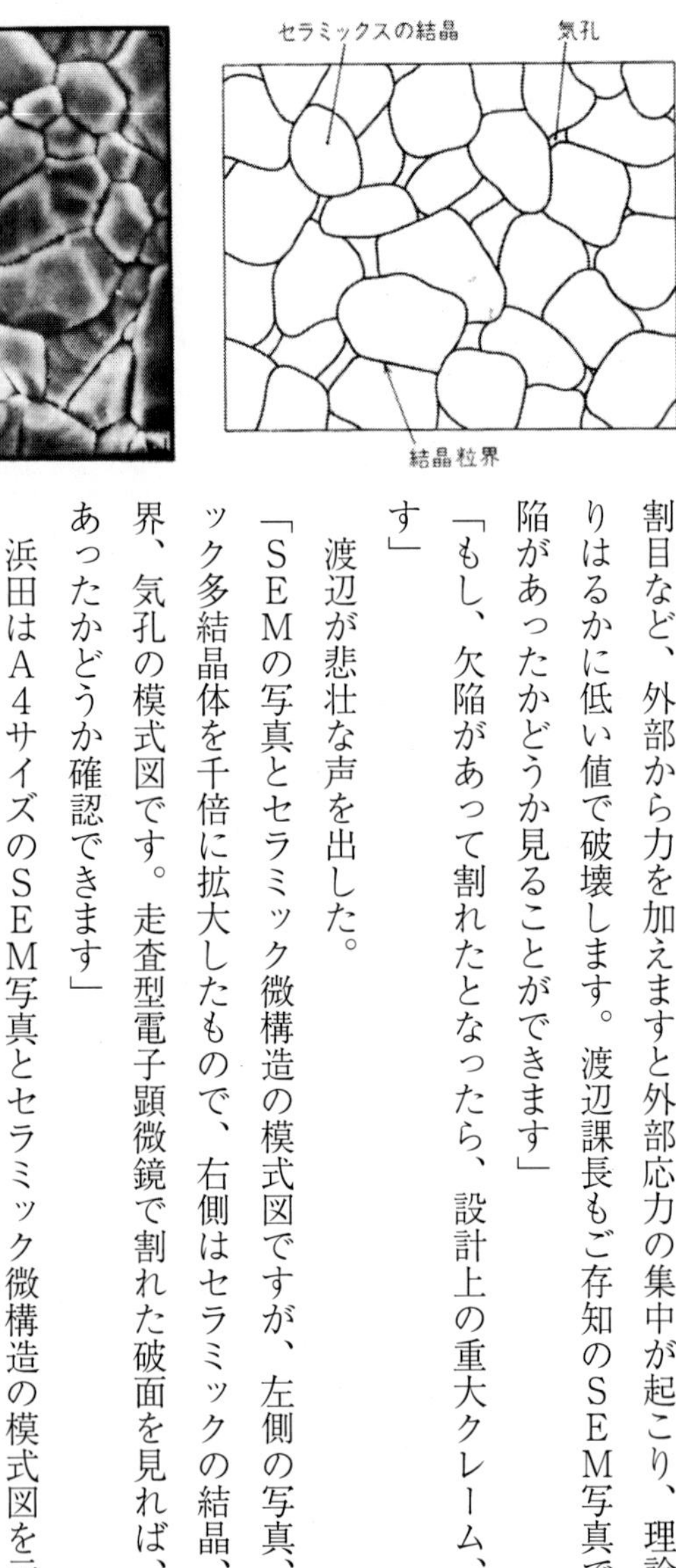

森村の脳裏に刻まれた浜田部長の印象は良好だった。X車のあの重大クレームは絶縁体を引っ込めて、エンジンブレーキの冷気があたらない設計変更で落着した。熱衝撃耐久試験機も勿論稼働させ、データを積んでX社の技術者を納得させたのは渡辺課長の熱意が通じた結果かもしれない。熱意が感じられ

れば妥協点が見つかる。

森村本来の仕事は抵抗入りプラグの開発であったが、熱衝撃試験器を作ることも会社の業務だった。

「浜田部長、お忙しいところ、申しわけありません。グラスシールについてお伺い致したく、参上いたしました」

四階にある研究部の部長席で森村は丁重に頭を下げた。丹羽が急に客先から声がかかったので森村の単独行動になった。

「電波雑音のプロフェッショナル、マネージャー森村君か、渡辺課長から君のことはよく聞いている」

浜田は笑顔を見せた。

「電波雑音のプロフェッショナル、マネージャーではありませんが、有難うございます」

森村はてれくさそうに再度頭を下げた。

「森村君、僕は入社以来グラスシール手法を研究しているが、技術部から誰一人聞きに来ない、君が初めてだよ」

「そうですか、誰も教えを乞いに来ませんでしたか」

「三十年もやっているのに、一度もな」

「実は、三か月ほど前、GM車に抵抗入りプラグが採用されました」

「モノリシックタイプの抵抗入りプラグだったようだな」

「そうです、その通り」

「とうとう来たか、僕はもう十年も前から山田部長、今は製造部長になっているが、昔は技術部長だった。彼に進言していたが、先輩格のチャンピオン社が、我が社と同じ製法だからと」

浜田部長は言葉を短く途切れ途切れに言った。その表情には軽蔑の色が伺えた。

「浜田部長さんもご存知のように、我が社はカートリッジタイプの抵抗入りプラグを生産しています」

「知っている、先生のチャンピオンも同じ製法だ」

「自然の摂理に反する製法だと思います」

「そうだよ、一〇〇〇万個生産する時代が来たら、どうするつもりだと言いたいね」

「浜田部長さんもそう思われますか」

「今の製造部長も技術部長時代は僕と同じ考えだったと思うが、昔から我が社は製造部門の力が強くて、まあ保守的というか、製法を変えたくないんだ」

「しかし、どう考えてもカートリッジタイプの製法では非合理ですし」

森村は次の言葉を飲み込んだ。

「今からでも遅くない、僕のところには三十年分のデーターがあるし、酒井君は今でも研究している。モノリシックタイプの抵抗入り、試作品もあるよ」

「そうですか、三十年の蓄積がありますか、そう言えば試作品、頂いたことあります」

「僕はモノリシックタイプ抵抗プラグの時代が来ると予言していたから、細々ながらずっとグラスシール手法研究していたよ」

「そうですか、うれしいですね」

「その気になれば、今からでも大丈夫、技術はあるから」

「私も電波雑音防止委員会に出席していまして、渡辺課長さんには抵抗入りプラグの防止効果などレポートしてきました。委員会でも防止効果の高いプラグの要求があります。只今我が社もグラスシール手法を開発していたと聞き安心しました。有難う御座いました」

森村は丁重に頭をさげた。胸につかえていたもやもや気分が少しだけ晴れた感じになった。


次の日、森村は酒井の職場を訪問した。浜田部長から今でも彼が研究していると聞いたからである。技術部は二階、研究部は同じ建物の四階にあり、簡単に行き来できた。親しい仲とは言えないが、面識は十分あった。研究部は四階と五階で最上階の五階は実験室になっていた。酒井は実験室で電気炉の中を覗いていた。

「何の実験ですか」

森村が声をかけた。

「ええ、びっくりした」

「実験中、すいません、森村ですが」

「ああ、驚いた、」

酒井は帽子の鍔を後ろ向きに被ったまま森村を見上げた。

「昨日浜田部長から君の研究テーマを聞いて、様子を見に来た」

「グラスシールのこと」

「そう、グラスシールを量産したくて」

「モノリシックタイプ抵抗入りプラグの開発ですか」

「よくご存じで、そう、モノリシックタイプを量産したくて、いろいろ調べている」

「特許が幾つも有りますが、大丈夫ですか」

「構造その物は大丈夫だと思うが、材料特許は調べていない」

「材料特許が沢山出ています。おかげで当方は勉強になります」

酒井は電気炉から溶けたガラスのサンプルを作業台に移しながら言った。

「この黒い色のガラスが抵抗体」

森村は作業台に並べられた幾つかのサンプルを指さして言った。初めて見るグラスシール抵抗体の溶解表面であった。

「昨日帰り際に部長から、たぶん森村さんが近々君のところに尋ねてくるからと聞きまして、朝一番で用意しました」

「有難う、助かる」

酒井は森村に笑顔を見せた。

森村は浜田部長の気配りと酒井の気づかいに心からお礼を言いたいと思った。まったくのゼロからスタートだと覚悟していたが、予想外の助人に合えたと喜びを隠しきれなかった。

「酒井君、宜しく頼む」

森村は酒井の手を握って言った。

「森村さん、モノリシック抵抗入りプラグのベースはグラスシール技術ですよね、グラスシールのサンプルもあります」

酒井は森村の手を放して棚に並べられた標準プラグの接合体を指さした。

「グラスシールの技術がベースだから、グラスシールが出来なきゃあな」

「これはグラスシール製法の標準プラグ接合体です」

酒井が幾つも並んでいる中から一本の接合体サンプルを掌に載せて見せた。

「ライバルのＡＫ社製と同じ外観だね」

「端子の形状がＩＳＯで決められていますから、外観はおなじになります」

「研究部の君がＩＳＯを知っているとは」

「浜田部長から聞いていますし、ＪＩＳにも同じ寸法形状が明記されています。ＪＩＳを見て雄ねじ端子を発注していますからライバル社と外観も、たぶん材質も同じです」

「抵抗は入っていませんね」

「勿論、グラスシール技術の習得ですから、抵抗は入っていません」

「グラスシールが完成域なら、抵抗入りサンプルもできそうですか」

「ほんの少しだけやりましたが、難しいと思います。グラスシール技術も未完成ですから、なおさら難しそうです」

酒井は二度も難しいと連発した。

「自分がここで取得したデーターはすべて直で浜田部長に手渡しています。つい先週第二十九報が出たところです。グラスシールについてですよ」

酒井が続けて言った。

「二十九報って」

「研究報告、グラスシール製法の開発、第二十九報です」

「酒井君が書いた報告書ですか」

「部長が書かれた報告書です。部長はグラスシール技術に熱心で、今でも自分で報告書を書かれます。グラスシールに執念を感じます」

「有難いね、グラスシールに執念ですか、てっきりゼロからのスタートだと覚悟していましたが、君の話を聞いて気が楽になりましたよ」

「森村さん、グラスシールの実験炉もあります。このサンプルもその炉で焼成しましたが、セミ量産機器ですから、少量生産なら可能です」

「ますます、有難いね」

「原料工場の北側に設置されていますから、技術部から近いです」

「いい話を聞いた、有難う」

「炉は製造部の所有ですがほとんど使っていませんから、移籍も可能だと思います」

「益々、有難いね」

「丹羽さんに来てもらって一緒に試作品も作れます」

森村は再び酒井の手を握った。嬉しかった。

「報告書も近いうちに持って行きます」

こんな近くにこんないい人が居たんだ。知らなかった。

第五章

自動車から発生する電波雑音

自動車が走行すると幾つかの電気機器が作動する。電波は急激な電流が流れることによって発生するから、搭載された電気機器内で急激な電流変化が起こると自動車の車体がアンテナとなって外部に電波を放出する。

ラジオやテレビの放送局から送られてくる電波と自動車から発生する電波は本質的には同じであるから、二つの電波が混在する。本質的に同じという意味は発生原理が同じだと言うことで、急激な電流変化が起これば電波は簡単に発生する。

ガソリンエンジンのような火花点火機関を搭載した自動車では点火プラグの火花放電が最も大きな発生源である。電波雑音防止委員会からも、森村自身も実験と理論からこのことを明らかにしていた。だから、点火プラグから発生する電波雑音を退治すれば、ほぼ目的は達成される。各所の委員会も森村達のグループも対策手法は分かりかけてきた。

自動車は放送局から送られてくる電波と、自分自身が出す二つの電波の中にいる。電波はこれ以外にも工場や鉄道、送電線など多方面から送られてくるから、多くの電波が行き交う電波環境にある。雑多な電波環境にあって、自車も電波を出しているから事は厄介である。

もし自車の電波が強力であれば、自車に搭載された電子機器や、カーラジオにも妨害を与え、さらに他車にも影響を及ぼす。周りに妨害電波をまき散らしてしまえば、重大な電波障害となる。これが自動車から発生する電波雑音の実態である。

自分自身の電子機器を守り、他車や周りの電波環境をクリーンにすることが自動車関連企業の責務である。特にプラグ屋は自動車メーカーから言われるまでもなく、自分自身の責務として事の重大さを認知する必要があると森村は思うようになった。

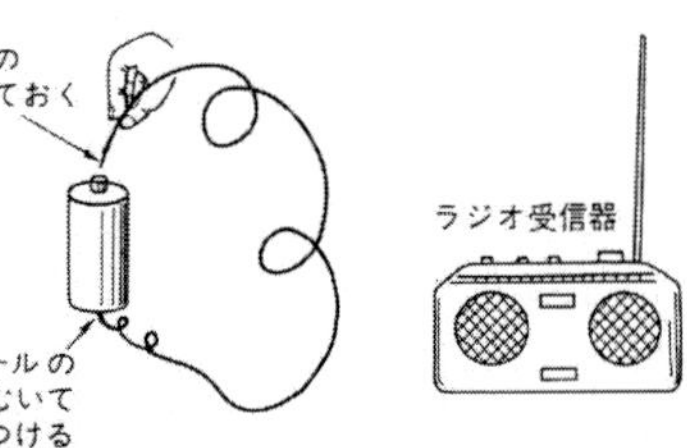

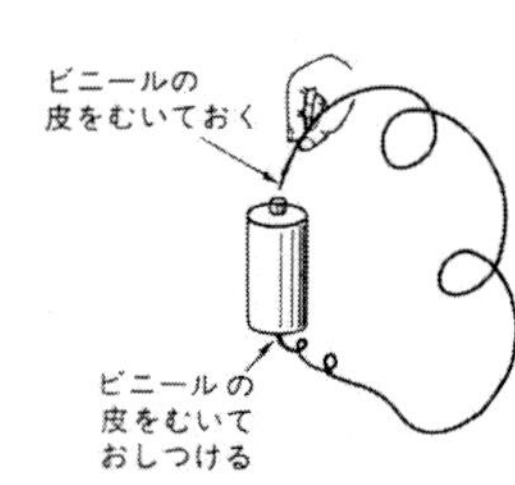

自動車から発生する電波雑音の原理は簡単である。どこでも手に入る乾電池に一メートル（m）ほどの長さの銅線をマイナス端子に接触させる。ビニールで被覆されている絶縁電線なら、先端部分のビニールの皮をむいておく。電池の突起の無い方がマイナス、突起がある方がプラスであるから、マイナス側に押し付けていた電線のもう一方をプラス端子に瞬間接触させる。
プラス端子に電線の先端をつけたり離したり瞬時に行えば、近くに置いたラジオ受信機からガリガリと雑音が入り電波が飛んできたことが確認できる。
ラジオ受信機からガリガリと雑音を発するのは、銅線に急激な電流が流れ、その電流によって電線から電波が発生した証拠である。ラジオ受信機をそばに置いておけば電線から発生する雑音電波を簡単に検知できる。このような電気回路が自動車には多く組み込まれているから、自動車が走行すると周りに電波障害を与える。

放送局から送られてくる電波と自動車が出す電波は本質的に同じであるが、その中身は大きく異なる。例えばカーラジオでＮＨＫ第一放送を聞くには、ダイヤルを回して選択するか、予めセットされたボタンを押す動作をする。ダイヤルを回して選択するのは周波数である。ＮＨＫと民放のＣＢＣとでは周波数が異なっている。この違いをボタン操作などで選択する。

名古屋地方のＮＨＫ第一放送は七百二十八キロヘルツ（ｋＨｚ）、ＣＢＣは千五十三キロヘルツ（ｋＨｚ）のように周波数が異なっている。周波数の単位はヘルツ（Ｈｚ）ｋは一〇〇〇の意味だから、七二八〇〇〇ヘルツ（Ｈｚ）がＮＨＫ第一放送の電波である。決められた周波数の電波が放送局から送られてくるから、受信機側でも同調回路を設けて同じ周波数を選択、好きな放送局の放送を楽しむことができる。

これに対して自動車から出る電波は定まった周波数ではなく、雑然とした周波数群で構成され、多くの違った周波数を包括している。このように多くの周波数を含む電波を雑音電波あるいは電波雑音と呼んで区別している。電波を発生させることは簡単であるが、放送局から送られてくるような定まった周波数の電波はそれなりの装置が必要になる。

「森村さん、遅くなりました。報告書持って来ました」

あれから一週間も過ぎたか、酒井が森村の席にやって来た。

「急がないと言ったのに、有難う」

「大阪のガラス会社に出張したりしていまして、忙しかったので遅くなりました」

「君が直接持ってこなくても、誰かに誂えてくれればよかったよ」

「お聞きしたいことが沢山ありまして」

酒井は分厚い報告書のファイルを森村のデスクに置きながら言った。

「今日、T社へ出張予定だったが、客先都合でキャンセルになってね、丁度よかった。自分も君とゆっくり話がしたかったので歓迎だ。ここでは落ち着かないから会議室へ行こうか」

森村は酒井から届けられた報告書の分厚いファイルを持って立ち上がった。

「まず、君から話を聞こう」

会議室で向き合って座ると森村が口を開いた。

「いろいろありますが、浜田部長からグラスシールの研究がなぜ必要なのかお聞きしておりますが、過日主任が訪ねてこられ、電波雑音の話を聞きまして、GM車のプラグの話も聞きまして、それでGM車用プラグと同じものを造るのが目的で、訪ねて来られたのでしたか」

酒井は森村に遠慮しているのか切れ切れに言葉を発した。

「ずばりお聞きしますが、GM車が抵抗入りプラグを採用した理由、GM車は雑音を沢山出す車だからですか」

酒井が続けて発言した。

「酒井君、それは違うな、GM車の電波雑音レベルがどれぐらいかデーターがないので分からないが、雑音レベルは他社並みだと思うよ」

「自車の電子機器保護のためですか」

「より快適なドライブを楽しみたい、みんなの願いだね、それには多くの電子機器が必要となる。電磁環境をよくする先取りかもしれん」

「森村さんは電波雑音に関して、プロフェッショナルマネージャーだと浜田部長から伺っています。電波雑音の実態、問題点、解決の手法、それに私の対処すべき事柄など教えて頂ければありがたいですが」

酒井はいろいろ知りたいようだ。

「浜田部長がプロフェッショナルだと評価して頂くのはうれしいですが、まあ我が社ではこの道を誰も歩いていませんから目立つようですね。入社二年目から東京で開かれる各種委員会に社命で出席させられていまして、それで勉強しました。自動車工業会とか自動車技術会とかまだありました、電波雑音に関しての委員会、郵政省、自動車研究所、大学の先生、自動車会社や関連企業の技術者などそうそうたるメンバーで自動車から発生する電波雑音を議論、その防止法や計測技術など、これらの委員会で学んだことは非常に多かった。今から思えばラッキーでしたね。つい最近も北軽井沢の浅間レース場跡で二輪車の合同測定会がありまして、測定機材を持ち込んで参加して来ました。」

「だからですね、詳しいのは」

「酒井君、弊社が何故これら電障委員会のメンバーに任命になっているか、分かりますか」

「自動車部品製造会社、だからですね」

「自動車部品会社は沢山ありますが、委員会に出席しているのは限られていますよ」

「エンジン部品に関係がありますか」

「我が社の主力製品、スパークプラグです。火花点火機関を搭載した車両、ガソリンエンジンで走る自動車、二輪車、船外機や、スノーモービルなどたくさんありますね、これらに点火プラグが着いています」

「火花点火機関関連企業ということは、発生源は点火プラグですか」

「そうです、点火プラグの火花放電から発生する電波雑音が一番大きいようです」

「それで分かりました、点火プラグに抵抗を入れるのが」

「カーラジオに遠くで雷が鳴っていたりするとガリガリと雑音が入ります。聞いたことありますよね。雷が電波を発生させ、それが飛んできてカーラジオに雑音が入る」

「経験あります」

「二輪車でもありますよ。自動車が近づいて来て横に並んでもほとんど雑音が入りませんが、二輪車が横に来るとガリガリ雑音が入ることがあります。二輪車は自動車と違ってエンジンが剥き出しになっていますから、雑音電波が放射され易いのが理由です。ですからエンジンの搭載仕様にも大きく影響します」

「エンジンの配置によって影響が出るのは、エンジンが発生源だからですか」

「エンジンに着いている点火プラグですよ、ある委員会でお前の所が悪いんだ、悪代官だと言われたことがあります。こうなるとプラグ屋は悪人ですよ、つらいですなあ」

「そうですか、プラグ屋は悪代官ですか」

「君まで、悪代官呼ばわりはないよ」

「プラグが雑音の元祖だとは、今日まで知りませんでした」

「君が作った抵抗入りで、悪代官を退治してほしいね」

「抵抗入りにすると、悪代官を退治できますか」

「できるね、」

「抵抗さえ入れれば、退治できるの」

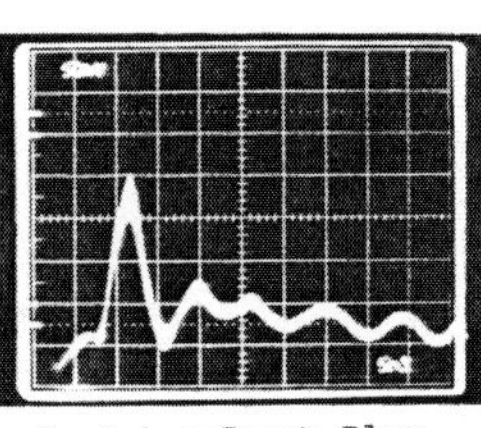

Resistor Spark Plug
5×10^{-9} sec/div
1.25A/div (about 5A)

Non-Resistor Spark Plug
5×10^{-9} sec/div
12.5A /div (about 60A)

「そう甘くはない、退治できる能力がなければだめだ」

「プラグに抵抗を入れると、どうして良くなるのか」

「酒井君、抵抗の意味知っているよね」

「上司に抵抗するって、逆らうことですから」

「火花放電時に流れる電流を妨げる、つまり小さくする能力だね」

「良く分かりました。それで、一般的と言いますか、抵抗を入れると効果のほどは」

「放電時に流れる火花電流を計測したデーターがある。写真の左側は抵抗無し、右側は五キロオームの抵抗あり、縦軸のスケールが一〇倍違うから同じように見えるが、抵抗無しで約六〇アンペア、抵抗ありだと約五アンペア、一〇倍も差が出る。抵抗入りプラグにすると放電電流が十分の一と極めて小さくなる」

「抵抗で放電電流が小さくなることは良く分かりました」

「電流が流れて電波が発生するから、より電流が小さくなるような抵抗を作って欲しいよ」

「抵抗を入れると電流が十分の一も小さくなること分かりましたが、電波の強さも十分の一になりますか」

「酒井君、いい質問だね、それがそうはならない」

「車体の形状が違うとか、さっきの二輪車と四輪車の違いとか」

酒井が言った。

「そうだよ、車体や、形や、まあいろいろあるみたい。だから確認作業が必要になる」

「具体的効果のデーターもありますか」

「当然、しょっちゅう測っているから幾らでもある」

「それでどれぐらい」

「約半分だね、雑音電界強度レベルで約半分に」

「五〇％の改善ですか、効果ありますね」

「そう、抵抗を入れれば雑音強度は低下する。世界一効果のある抵抗入りプラグを開発したい。これが僕らの開発目標なのだ」

「具体的なデーター教えてください」

森村が開発目標だと言ったが、それには触れず酒井はデーターに興味を持った。

「酒井君、最近取ったデーターを紹介しましょう、抵抗入りの効果」

森村が会議室に架けてある黒板に図を書き始めた。

「酒井君、横軸が周波数、縦軸が雑音の強度、縦に何本か線がありますが、これは放送局から出ている電波の強さです。横に二本線を書きましたが、上側が防止器なし、下側が防止器ありです。二本を比べますと雑音強度は防止器が入るとかなり下がります」

森村が黒板に書かれた横線の二本を示して言った。

「何本もある縦軸ですが、一〇〇メガヘルツ辺りはＮＨＫのＦＭラジオ放送、二〇〇メガヘルツ辺りがＶＨＦテレビ放送、七〇〇メガヘルツ辺りがＵＨＦテレビ放送の電波の強度です。計測場所は名古屋郊外東山、近くの放送局は強く、静岡や大阪の放送局から来る電波は弱い値となっています。この測定結果は三〇～七五〇メガヘルツを計測しています」

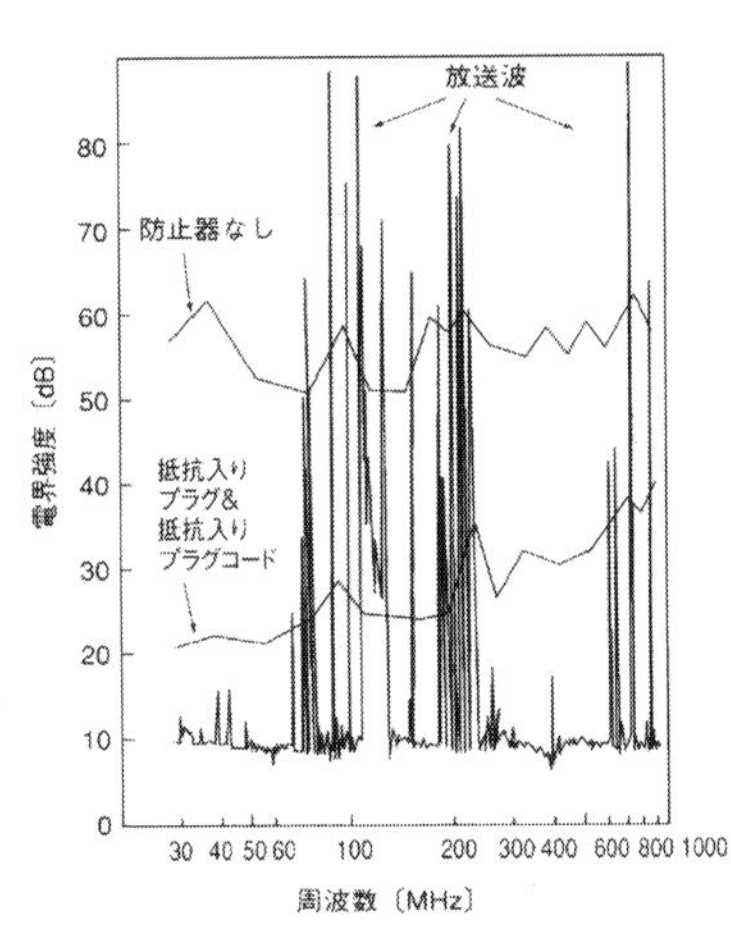

「右に傾いていますが大丈夫ですか」

「ええ、傾いている」

「図です、そういう図、気になりまして」

「傾いていますか、図を描くのが下手でね、縦に入った線が放送局の電波、自動車からの電波雑音強度と比べかなり高い値を示していますね。放送局からの電波（シグナルＳ）、自動車からの雑音電波（ノイズＮ）の比較Ｓ／Ｎ比で評価することもあります。

雑音レベルＮが低ければ、シグナルレベルＳが低くとも、言い替えれば、放送局から出る電波が弱くても鮮明なテレビ放送が楽しめます。雑音レベルが高ければ強力な電波の放出が必要になる。このことはサービスエリアの縮小につながる。問題はS／N、これが重要になります」

「森村さんが取られたデーターでしたね」

「かなり前の測定結果です」

「素人向けのデーターで面白そうなもの」

「四輪自動車と二輪車の違いはどうでしょう」

「二輪車はエンジンが剥き出しだから高くなる、説明を聞きました」

「まあ一概にはそうとも言えませんね」

「単気筒の二輪車もあれば、二気筒車も」

「空冷とか、水冷とか、ハンドルの格好もいろいろですね」

「四輪車もセダンばかりでなく、ワゴン車とか、軽自動車とか」

「だから、一概に二輪車が悪いとは限りません、自分たちが測定した一例を紹介しましょう」

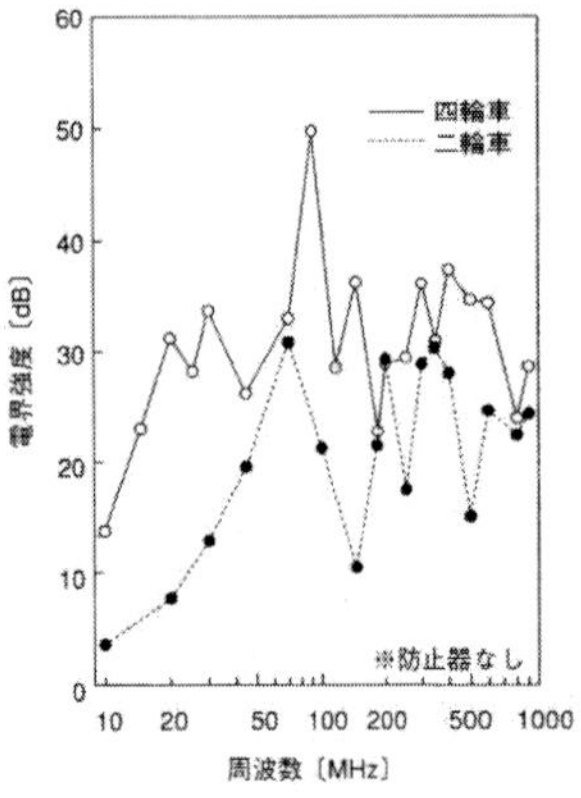

森村が同じような図を描いた。先ほどの図とよく似て横軸が周波数、縦軸が電界強度、その座標に二本の折れ線を入れた。
「酒井君、上側が自動車、下側が二輪車です」
「自動車の方が高いですね」
「この測定結果は、自動車は四気筒エンジン、二輪車は単気筒エンジンだから、気筒数の違いとか、車体の大きさが影響したかもしれない。発生源が強力だったり、車体そのものがアンテナに成ったりで、実測しないと何とも言えません」

「確認作業が大変ですね」

酒井が言った。

「ところで酒井君、周波数と雑音レベルは関係あると思いますか」

「分かりません」

酒井は窯業を勉強したエンジニアだ、分からないのが当然である。

「この図を見てもらうと分かりますが、一〇〇メガヘルツ（ＭＨｚ）辺りで一番高くなっていますね、雑音電波の強度が一定でなく特定な周波数で高くなります。車体がアンテナとなりますから、車体形状に差が出ます」

「いろいろ難しいですね」

「ちょっと話題を変えよう、カナダでは電波雑音が規制されている」

森村が突然カナダの電波規制を口にした。

「電波規制の話も聞きたいと思っていましたから嬉しいです」

「黒板に書いたデーターは一台だけの測定結果ですから、沢山の車が集まれば雑音強度が高くなりＳ／Ｎが悪くなります。当たり前ですね」

「それでカナダの規制ですが」

酒井が身を乗り出して言った。

「電話だそうです」

「電話ですか、電話は電話線でつながれて、有線ですよ」

酒井が怪訝な顔をした。

「電話の中継に電波を利用、何しろ広い国ですから、電柱を立てて電話線を張り巡らすのは大変な作業、それで電波塔を建てて電波でつないでいると聞いています」

「分かりました、S／N比の意味が」

「多分今年の暮れにスノーモービルの測定にでかけます」

「スノーモービルの測定、電波雑音ですか」

「冬場の移動によく使われます」

「僕もスキー場で見たことあります」

「雪原の移動に便利なスノーモービル、雪道で二輪車は使えませんからスノーモービル、アメリカで計測器を購入して、それで測る予定です」

「モノリシックタイプの抵抗入りプラグが必要になりますか」

「是非ともそれまでに間に合わせて下さい、まだ半年ありますから」


東名高速道路の富士インターチェンジをおりて二三五号線を北上すると朝霧高原に到着する。富士山の南斜面に広がる高原は観光地であるが五月連休が終わると静かになる。

名峰富士山は初夏の青い空に凛として聳え立っている。頂上付近を白く染めた真っ白な雪の肌が眩しい。

人家がなく開けた平らな場所を求めてあちらこちら探した測定場として朝霧高原は最適だった。何よりも嬉しいのは日本一の富士山を仰ぎながら仕事が出来ることである。ちょっとした測定は近くの瀬戸の山の山頂にあるキャンプ場を使っていた。

「森村主任、素晴らしい所ですね、富士山がきれいだ」

「丹羽君は初めてだったね、僕らは二回目、いつ来ても気持ちのいい所だ」

「課長が知ったら、びっくりしますよ」

「道路から離れているからグランドノイズも低い、近くに宿泊施設もあるから泊り込みで仕事が出来る、だから仕事が捗ると言ってある。生真面目な課長には出来ない芸当だが、理屈が分かれば納得されるよ」

今回もサービス課からワゴン車を借用、ワゴン車に機材を積み込み、浅井も含めて三人が乗車してやって来た。人家がなく、道路から離れた、開けた平らな運動場のような場所を求めて出かけてくる。ここ朝霧高原は高原特有の開けた開放感溢れる、自動車の電波雑音を計測する、まさに理想的な実験環境だった。

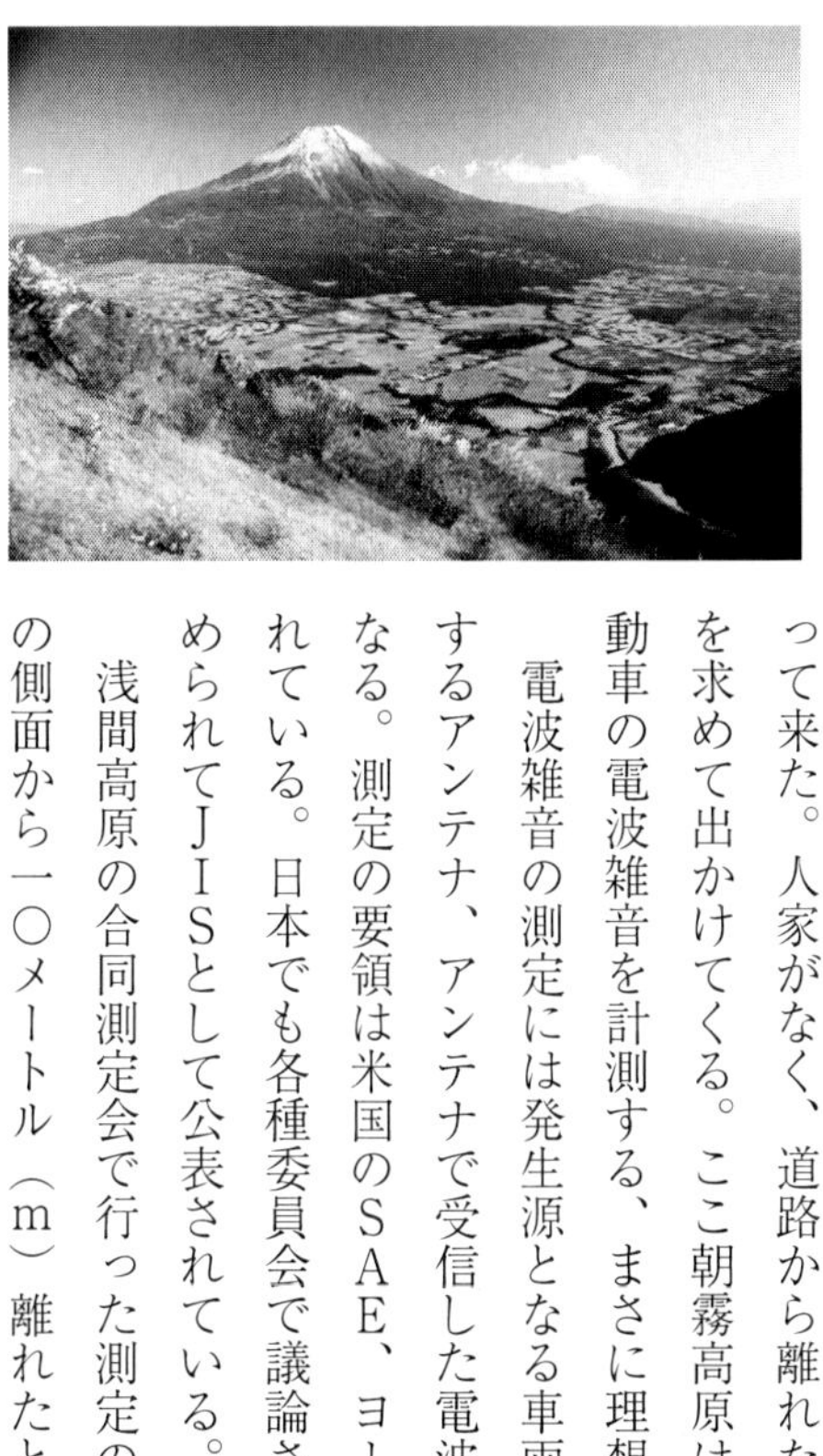

電波雑音の測定には発生源となる車両、車両から発生する電波雑音を受信するアンテナ、アンテナで受信した電波雑音を計測する電界強度計が必要になる。測定の要領は米国のSAE、ヨーロッパのCISPRに詳細に記載されている。日本でも各種委員会で議論され自動車技術会電装部会で取りまとめられてJISとして公表されている。
浅間高原の合同測定会で行った測定のレイアウトは同じである。測定車両の側面から一〇メートル（m）離れたところにアンテナを立て、アンテナエ

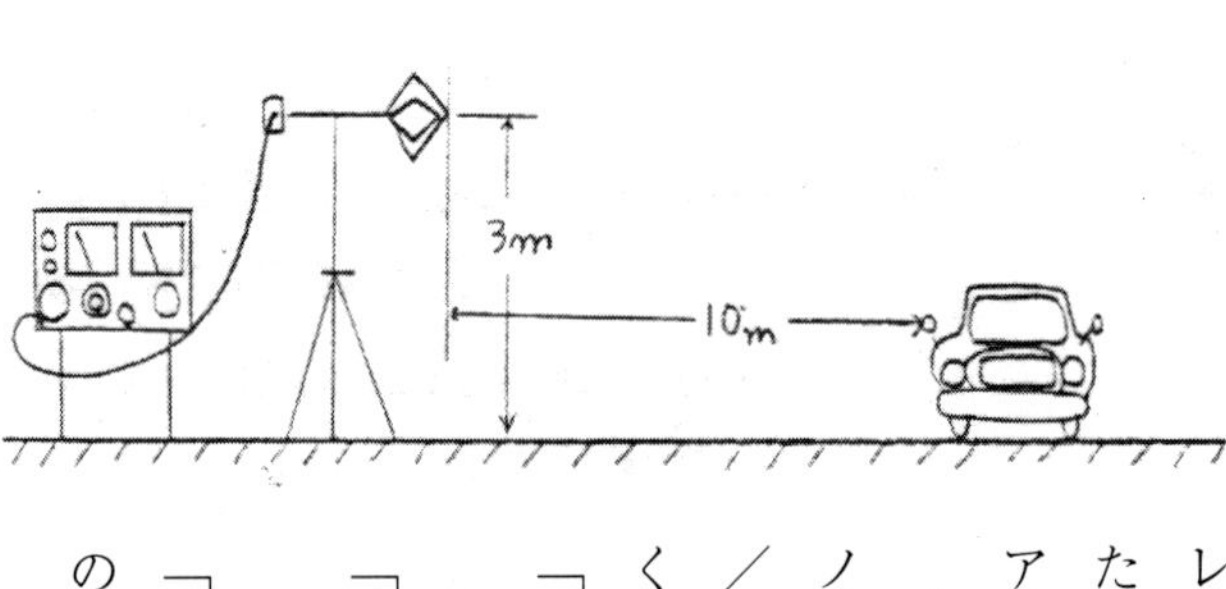

レメントは地上三メートル（ｍ）の高さ、アンテナから三メートル（ｍ）以上離れた場所に測定器をセットする。計測類の準備が完了したら、車両のエンジンを始動、アイドリング回転時の車両から発生する電波雑音を測定する。

浅間の時と同じように、最初に測定場所のグランドノイズを計測する。グランドノイズが測定車両のノイズに比べ十分低い値であるかどうか事前にチェックする。Ｓ／Ｎ比の計測である。最寄りの放送局から送られてくる放送電波強度も計測しておく。放送波が強ければ、その周波数を避けて計測する。

「雪を被った富士山、本当に美しい」

実験に参加した丹羽の笑顔が続く。

「こんな出張なら何度来てもいい、森村さんのおかげです」

時々実験の手伝いに来る浅井が天を仰いで言った。気持ちが良さそうだった。

「今回の実験はモノリシックタイプ抵抗入りプラグ、第一号、我が社の抵抗プラグの門出だ、しっかり頼むぜ」

森村が胸を張った。三人はそろって富士山を見た。富士山のように日本一になるんだと心が躍った。

「研究部の酒井君が徹夜して作ってくれたモノリシックタイプの抵抗入り、どんな結果が出るかわくわくする。頑張って始めよう」

森村が紅潮した顔になって言った。三人の持ち場は決まっていた。森村が電界強度計を読み取り記録する係、丹羽はダイポールアンテナの担当、浅井はエンジンにサンプルプラグの取り付けなどの車両係りである。

測定はポイント測定、特定の周波数で行う。森村が計測器のダイヤルを回して測定周波数を設定、合図を丹羽に送る。ダイポールアンテナはTの字型のアンテナで、地面と水平のエレメントは伸縮自由で長さを調整できるようになっている。丹羽が森村の合図を受けて、エレメントの長さを調整して三メートルの高さに設定する。

ダイポールアンテナのエレメントの長さは測定周波数の波長の長さである。四分の一波長とか二分の一波長の長さに調節する。電波は一般的に波長で表現される。電波は電磁波の一種で、波長が0．1ミリメートル（㎜）より長い電磁波を電波と定めている。可視光線、赤外線、紫外線、X線それに電波を含んだ総称を電磁波と呼んでいる。

波長の求め方は、光の速さを周波数で割り算する。波長（m）＝c／f、cは光の速さ、fは周波数である。光の速さは一秒間に三〇万キロメートル（㎞）であるから、波長（m）は割る周波数で求められる。例えば周波数が三００キロヘルツだとすれば波長は一〇〇〇メートル（m）となる。

「丹羽君、次の長さにセット」

測定が終わると森村が声をかける。丹羽が3メートル（m）の高さに立っているアンテナを下げてエレメントの長さをかえ、再び3メートル（m）の高さにセットする。このような繰り返しを十五回ぐらい行い、三0メガヘルツから七五〇メガヘルツ間の車両から発生する電波雑音強度を計測する。

本来なら一000メガヘルツまで計測すべきだが、森村の会社には一000メガヘルツまで計測できる計測器がなく、やむなく七五〇メガヘルツを上限測定としていた。

「どうですか、初物の弊社モノリシックタイプ抵抗プラグは」

丹羽が声をかけた
「初物ながら、なかなかいい結果が出ている、酒井君に感謝だ」

「そうですか、先が楽しみですね」

「一番良さそうだと思われるサンプルの結果だが、ちょっと気が楽になった」

徹夜してテストサンプル二八種類作成、抵抗値、抵抗体の長さ、抵抗体の材質などが違っていた。森村が立案し、酒井グループが米国特許を参考にサンプル製作にあたった。アメリカのプラグメーカーには先を越されたが、十分追いつける結果が続々出た。

濃霧の中の旅立ちであると思ったが、やってみれば先は明るい、追いつき、追い越せると自信が持てた。明日へつながる成功への旅立ちだと思えた。丹羽も浅井も新しい旅立ちに心は躍っているように見えた。

「富士山に負けないぐらい、高品質、高性能なるモノリシック抵抗入りプラグを完成させてやる」

測定が終了すると同時に森村は立ち上がって右手も高く突き上げた。

第六章

製造部長の反対

米国シカゴから北へ六〇〇キロメートル（km）カナダ国境に近いシーフリバーフォールスという町にアークテックキャットというスノーモービルメーカーがある。シカゴ事務所に出向したセールスエンジニアの阿部からファックスが入って来た。宛先は技術三課渡辺課長だった。「受注に成功した。来年三月から納入希望、但し抵抗入り」という内容だった。

海外のビジネスは海外販売部の担当である。出向者も海外販売部に在籍し、出向先の所長が上司になっていた。シカゴの阿部は電気工学科卒であったから、入社時森村グループに配属され、四年ほど森村が上司だった。森村グループにいたから電波雑音の測定にも駆り出されており抵抗入りプラグに見識があった。新しい顧客を確保したという知らせは本社海外営業部にも届いていた。

「渡辺課長のご意見を伺いたいと思いましてご足労願いました」

海外販売部部長中村が海外営業部の会議室に呼び出された渡辺に向かって丁重に頭を下げた。

「おめでとう御座います」

渡辺は素直に頭を下げた。

「貴殿の部署から優秀な技術者を出向させて頂いたおかげです」

「そう言って頂けると出向者も喜びます」

「受注の中身はご存知ですか。」

「知っております」

「抵抗入りプラグですよ。カタログには有りますが、現物を見たこともありません、大丈夫ですか、心配になりまして」

営業部長から笑顔が消えた。

「チャンピオンタイプを少量ですが製造部で生産願っています」

「チャンピオンタイプと言われますと、滑石充填タイプですね」

「そうです」

「問題が多いと聞いていますが、大丈夫ですか」

「挿入抵抗体に高電圧が印加されますから、コロナ放電が起こり焼損するクレームが時々発生しますから、自信作ではありませんが」

「初品でみそつけると、パアですから」

「抵抗体にシリコングリス処理をすれば大丈夫です」

「GM車のモノリシック抵抗入りを見ましたが、対抗できますか」

「あれは素晴らしい出来でした」

「技術課長がライバル製を褒めてどうするんですか」

「モノリシックタイプの抵抗入りプラグを開発すべく森村君が挑戦中ですが」

「ですがという事は、なんですか」

中村が渡辺の言葉尻をとった。揶揄の感情が満ちた。

「滑石充填タイプが当社の持ち味ですので」

渡辺は口ごもった。

「渡辺課長もご存知のように我が社はアメリカ、ブラジル、フランス、東南アジア各国、遠くは南アフリカに工場があり、営業活動は全世界に及んでいます。アメリカに三社あるライバル社の二社が、ドイツ、フランス、イタリア、それ以外の国でも皆なグラスシールタイプですよね、世界の主流はグラスシールタイプと違いますか」

「世界最大のプラグメーカー、チャンピオン社は違います」

渡辺は辛うじて反論した。

「チャンピオン社だって準備していますよ。素人の我々が見たってGMさんが採用したあのプラグは理屈に適っている」

「カットサンプル見ましたか」

「後藤部長が見せにきましたよ、うちでも出来そうな口ぶりでしたがね」

「部長もいいかげんで困るな」

渡辺は俯いて小声で言った。

「何ですって、後藤部長は直ぐにもできそうな口ぶりでしたよ、担当課長がそんな弱気でどうするんですか」

「そう、簡単ではありません」

渡辺はこぶしを握った。

「それで、本題に戻しましょう。アークテックさんの受注が決まりました。初品の納入は来年三月、数量は月一万個から始まって半年後五万個、抵抗入りプラグの仕様は技術部さんにお任せですが、できれば世界の主流に沿って頂きたい。宜しいですか」

「承知しました。頑張ってみます」

渡辺は頭を下げた。カートリッジタイプなら本社工場で量産しているから、今すぐでも対応可能だが、モノリシックタイプは森村達が開発を始めたばかり、もう半年早めていたらと悔やまれた。

カートリッジタイプは量産中といえども生産数量はたかだか一から二万個に過ぎない、五万個となると対応できるのか、渡辺は頭を下げながら苦悶の表情を見せていた。森村のように先が読めなかった自分を恥じた。


「部長、お願いがあります」

森村が部長席で頭を下げた。

「何だね、また」

後藤部長は上司を通して話を持ってこいとは決して言わない部長だった。

「研究部の酒井君を技術部に転籍させて下さい。やりにくくてしょうがありません。時間のロスですし、研究部の浜田部長に掛け合って頂けないかとお願いに参りました」

森村は要件を明確に切り出した。

「そういうことか」

森村の上司渡辺は人情味の厚い人柄だった。技術者というより研究者に近い学研肌だった。人事異動など最も苦手だったから、渡辺課長にお願いしてもらちが明かないと判断しての行動だった。

「こういうことを言うのは甚だ失礼かと思いますが」

「何だ、言ってみろ」

「浜田部長が書かれた研究報告、グラスシールの研究第二十九報」

「二十九報もあれば、参考になっただろう」

「参考にはなりました。しかし量産には参考になりません。研究のための研究、報告書を書くための研究と理解しました」

「手厳しいな」

「開発、商品化には各種の実用試験をクリアする必要があります。例えば火花耐久試験にかけると全滅です。使い物にならない」

「分かった、分かった、浜田部長に話してみる」

森村の勢いを途中で遮り、部長が発言した。

「宜しくお願い致します」

森村は丁重に頭を下げた。酒井が自分の配下になれば開発のスピードは新幹線並だと期待が膨らんだ。

渡辺課長は製造部へ出かけたらしく空席だった。森村が席に戻ると丹羽が待っていたように報告書を持ってきた。過日行った朝霧高原の実験結果から得たモノリシックタイプの量産仕様を決める内容の報告書だった。

「説明してくれ」

「カートリッジタイプでも確認済みですが、抵抗値の関係、今回も、二、三、四、五、六、七、九、十（kΩ）と変化させ、雑音レベルを実験しました。これが結果のグラフですが、やはり五（kΩ）前後で飽和します。抵抗値は５（kΩ）を中心とするとしました」

丹羽が報告書に書かれたグラフを示して言った。

「大きければ大きいほど効果的だが、抵抗でエネルギが消費されるから、その分火花エネルギが小さくなり、点火性能に影響する。妥協点はそんなところだな」

「抵抗値のバラツキ幅は如何しましょうか」

「中心値を五キロオーム（kΩ）としても、かなりばらつくから、下限を三キロオーム上限を七キロオームでどうだ。プラスマイナス二キロオーム」

「抵抗値は五（kΩ）、＋－、二（kΩ）に設定します」

丹羽が抵抗値仕様を明言した。

「量産を始めたら見直しが必要かもしれんな」

「もうひとつ、今回の実験で注目の抵抗体長さ、どれだけにするか、実験結果が待ち遠しかったですが、やはり結果はこれまでと同じで、長いほど防止効果が高いとなりました」

「当たり前の結果だよ、計算でも明解だ」

「そうですね」

「それで最少寸法は」

「目標十（㎜）、どうですか」

「酒井君と相談して決めよう。話が逸れるが、先ほど部長に酒井グループを転籍させてくれと頼んだ。課長に頼んでもらちがあかないと思ってね」

「課長は人情家だから」

「人事は上に立つ者の仕事だよ、酒井君の転籍だよ、彼は優秀だから離さないかもな」

「転籍って、ここへ」

「もちろん、ここへだ、それに浜田部長の書かれた報告書にも意見を述べた」

「浜田部長さんは切れ者だと褒めておられたから、感謝していると」

「反対だ、部長の書かれた報告書はまったく役に立たなかったと、研究のための研究報告書だと言った。何の役にもたたんと」

「浜田部長に足を向けて寝られないと言っていましたがね」

「それとこれとは別だ、火花耐久試験で全滅だっただろう」

「火花耐久試験器なんか研究部にはありません、試験していなかったから分からなかったと思いますよ」

「一番重要な品質だよ、そんな確認もせずによくも二十九報まで出せたものだと」

「ちょっと言い過ぎですよ」

「僕は真剣だよ。ここ半年でモノリシックタイプを成功させねばならない。研究じゃあない。商品化だ、じゃんじゃん実車試験もやって、ちゃんと使える商品を開発せんといかん」

「主任の気持ちは分かりますが、あまり過激では皆さんから協力得られませんよ」

「丹羽君、目標の無い研究は寄港地のない船旅だ。無意味だよ、研究のための研究になってしまう。明確な目標と到達する日程が大事だ。納期の無い研究こそ、無駄遣いの最たるもんだ」

「そういわれてみれば、火花耐久試験で導通抵抗が無限大になった。何故なのか、どうすれば導通抵抗がゼロになるか、報告書のどこにも明記されていませんでした」

「そうだろう、最初からやり直しだ、ところで丹羽君、人の一生で最も大切なこと、何だと思う」

「何ですか」

「大きな夢を持つことだよ」


製造部の部長席の後ろに十五人ほどは入れる会議室がある。製造部の課長連中を集めて部長が時々話をしている光景を見かける。その会議室に渡辺課長と森村の姿があった。初めて受注に成功したアークテックスノーモービル用プラグの説明に出かけて来た二人だった。

渡辺課長は迷っていたが、森村はチャンス到来とばかりモノリシックタイプで事を進める腹を決めていた。躊躇する渡辺を押し切ってアークテック用抵抗入りプラグの仕様を決め、西山グループに生産用図面作製を依頼、生産図面と生産移行書も準備していた。メーカー納入品は製造部の職務、生産移行をお願いする面談である。

「お待たせしました」

製造部長の山田と製造三課の課長谷口が会議室に入って来た。

「お忙しいところ、お時間頂戴して恐縮です」

渡辺が立ち上がったので、森村も反射的に立ち上がり頭を下げた。

「新しい客先とビジネスがまとまってよかったですね」

山田製造部長は笑顔を見せた。

「アメリカ駐在の皆さんの頑張りでまた客先が増えました」

「どんどん注文を取って生産数量を増やして下さい、大歓迎ですな」

「実は、今度の客先は抵抗入りプラグですので」

「いいじゃあない、抵抗入りプラグでも、谷口君歓迎だよな」

山田は谷口に振った。製造三課がカートリッジタイプの抵抗入りプラグを製造している。

「有難いです」

谷口が短く答えた。

「実は、将来の量産を考えてモノリシックタイプでいきたいと思いまして」

渡辺がおずおずと言った。

「モノリシックだって」

山田の顔色が変わった。

「新しいタイプに挑戦致したく」

渡辺の声が小さくなった。

「モノリシックはグラスシールじゃあないか。谷口君、君ん所にグラスシールの設備、あるの」

「ありません」

「設備もないのにどうやって造るんだ」

山田の声が大きくなった。

「それで、相談にきました」

「仕様は決まっているのか」

「ほぼ決めましたので、製造図面も用意しました」

渡辺が製造図面を取り出そうとした時、山田が立ち上がった。

「我が社の伝統ある滑石充填方式を捨てて、敵さんの軍門に下るのか、断じて容認できない」

山田の拳がぶるぶると踊った。山田部長の態度が急変したので森村は驚いた。

「グラスシール炉もないのに、何を考えているんだ」

山田が大声で言った。

「貴部の原料課にあります」

渡辺が不安げに答えた。

「あんなもんで量産できるか、谷口君」

「無理だと思います」

谷口が同調した。

「だいたいだな、渡辺君は現場を知らなさすぎる。よくそれで技術課長が務まるな」

山田は腰を下ろしたが、渡辺を睨み据えた。

もうこうなっては打ち合わせにも、相談にもならず渡辺は席を立った。

「出直してきます」

渡辺は図面を残したまま会議室を出ようとした。森村も仕方なく渡辺の後を追った。予想はしていたもののこれほどとは思わなかった。渡辺が何度も製造部へ足を運んでいたから根回しは十分されていたと思っていたが、肝心の部長には接触しなかったのだろうか。それとも技術部に恨みがあるのだろうか、良かれと思って新規提案しているのに何たる態度かと森村もむっとなった。


「お早うございます。社長に見て頂きたい開発商品がありまして」

森村は丁重に声をかけた。月に一度ぐらい技術部の実験室にも巡回に来る社長を待っていた。工場巡回のほうが多いが、月に一度ぐらいは技術棟に来て、技術部にも顔を出す社長の巡回ルートを知っていた。工場以外に事務棟にも社長の姿があった。社内を隈なく見て回り現場の実情を直接自分の目と足で確認しているようだ。現場が大事だと思っておられるようだ。巡回中社長に声をかける社員は居ない。

「社長に直接掛け合ってみよう」

森村は大胆にも社長に直訴してみようと途方もない手段を考えた。自分には大義名分がある。部長はおろか社長だって大義名分には逆らえない、そう信じていた。製造部長はカートリッジタイプで行けと猛烈に反対したが、五万や十万ならなんとかなるが、五〇〇万個、一〇〇〇万個となったらモノリシックタイプでなければ量産対応は不可能である。

カートリッジタイプは抵抗体の焼損など品質面でも問題を残していたし、特に量産面で問題がある。自分が長年担当してきたからカートリッジタイプの欠点はよく分かっていた。自然の摂理に合わない商品は自然の摂理に合った商品に淘汰され、入れ替わる。今がその時期だと思った。この好機を逃がしたら会社そのものがおかしくなり、やがて没落の道を辿ることになる。それだけは回避しなければならない。会社がだめにならない様大義名分を振りかざそう。

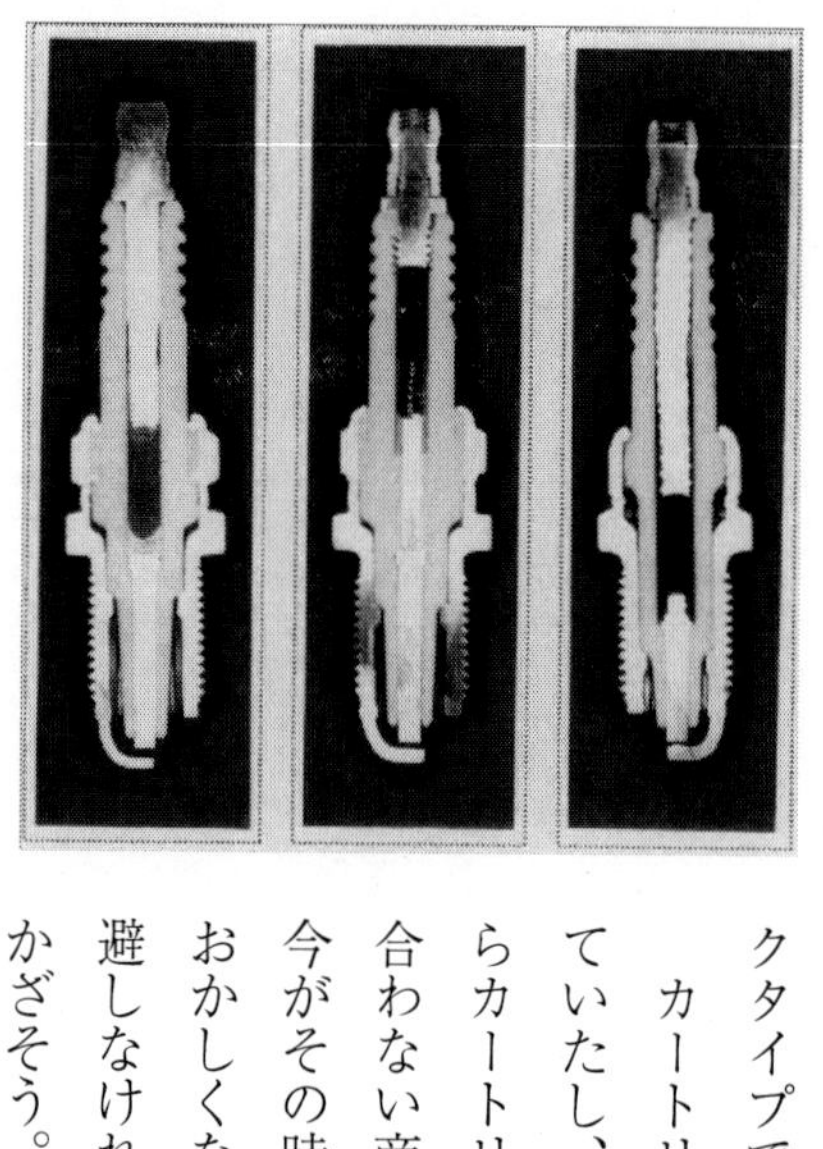

「社長さんに見て頂きたいと、それで用意しました」

決死の覚悟で声をかけた。

「新開発、我が社のモノリシック、現行のカートリッジタイプ、GM車のモノリシック、いずれも抵抗入りプラグのカット見本です」

森村は白い箱に糊着けした三本のカット見本を社長に差し出した。社長は作業台に置いてじっくり見た。森村も覗き込んで言った。

「三本の右側、GM社が採用したデルコレミー製の抵抗入りプラグ、一番左側、弊社のモノリシック抵抗入り、ほぼ同等のモノリシックタイプ抵抗入りプラグが完成しました。真ん中が現生産中のカートリッジタイプです。見比べて下さい」

まだ実車耐久試験など意地悪テストは完了していなかったが、完成したと言い切った。

「グラスシールはやっていないが大丈夫ですか」

社長は技術者出身だったから自社の技術はよくわかっているが、他社のやり方は知らないようで、心配顔になった。

「左側のこれですが、ご覧のように、我が社でも出来ると思います」

森村は自分たちが作った一番出来のいいグラスシール抵抗入りを指して言った。

「見たところこちらのデルコ製と変わらないね、旨く出来ている」

「カートリッジと比べていかがですか」

「部品点数も少なく、量産向きだね」

「来年四月からアメリカのスノーモービルメーカーへ納入する予定です」

まだ製造部長の同意を得ていませんがと前置きしようかと一寸迷ったが、このグラスシールタイプを納入する予定ですと言い切った。

「新手法へのチャレンジは必要だ、頑張ってくれ」

「有難うございます」

製造部長さんに一言助言をと言いたかったが、森村はそれだけ言って頭を下げた。社長が立ち止って話を聞いてくれただけで嬉しかった。社長にまで断言してしまったからにはもう誰がなんと言おうが逃げられない、覚悟を決めた森村だった。何が何でも物にしてみせると熱い血が滾った。

第七章
モノリシック抵抗入りプラグの商品化

三五（℃）を超える猛暑日もいつの間にか過ぎて、爽やかな秋の季節を迎えていた。部長に頼んでいた酒井グループ三名の転籍も実現して、総勢七名のモノリシック抵抗入りプラグ開発チームが誕生した。誕生は酷暑の頃だったからもう三か月近くも過ぎていた。

「お早うございます、今週の予定ですが僕と丹羽君は火曜日、X社、木曜日T社出張予定、大阪の杉原化学が水曜日に来社予定です」

開発チームは全員集まって朝のミーティングを行う、特に月曜日の朝は一週間の予定、到達目標の確認が行われた。酒井グループが森村の傘下に加わったことで開発スピードは急速に向上した。日に一〇種類以上の試作品ができ、それらの品質、性能確認が行えるようになった。来年四月のアークテックキャット向けの仕様も決まり、近々量試の運びになっていた。

「こちらは我々が試作した物、こちらがGM車採用プラグ、それにカートリッジタイプ」

製造部長席に森村の姿があった。渡辺課長と同席した苦い思いがあったので用意万端単身で乗り込んだ。社長に説明したと同じようにカットサンプルを持ち込んだ。酒井君が作った一番いい出来のモノリシックを米国製と比較して見せた。我が社でも同じような物が出来ることを知って欲しかった。

「我が社でも米国製と同じ物ができるのか」

製造部長は森村が差し出した三本のカットサンプルを見ながら言った。冷静だった。

「できます」

森村は明言した。

「部長もご存知のようにカートリッジタイプは品質面で問題がありますが、モノリシックにすれば解決します。それに、一番のメリットはコストが下がります。棒状の抵抗体は長野県の飯田から、ここに入るスプリングは三重県から、これだけでも相当な金額ですし、組み立てにも工数がかかります。かなりのコストアップになります」

「グラスシールでもコストは上がるよ。グラスシール炉も無いし、新設となれば」

部長の発言を遮って森村は抵抗入りプラグの需要予測を差し出した。来年から向う一〇年間の需要予測が折れ線グラフで描かれていた。電波雑音防止委員会から得た情報をもとに森村が予想した数値である。

「一〇年後には一〇〇〇万個以上の需要予測があります。新設は不可避、増設です」

ここでも森村は強気に出た。

「GM車が採用したとなれば、次はフォードと拡大するか」

「拡大します」

「増産は歓迎だ」

「僕は郵政省、日本自動車工業会、自技会の部工会などが主催する各種電波雑音防止委員会に出席しています。自動車から発生する電波雑音の発生源は点火プラグです。プラグ屋なんとかしろと何時も言われています。電波障害は立派な公害です。既にカナダや欧州では法律で規制されています。プラグはいずれ全部抵抗入りになります」

森村はここぞとばかり捲し立てた。好機だと思った。あれほどの反旗を翻していた製造部長が何も反論せず黙って森村のまくし立てを聞いていた。

「カートリッジタイプを一〇〇〇万個生産するとなったら、大変です」

「技術部長をしていたから、良く分かる、無理だな」

立場が違うと、ごろっと、反対側につく、良く有る光景だ。

「グラスシールも出来るようにしておいた方がいいと思いまして、差し出がましい申し出をしてすいませんでした」

森村はそう言って頭を下げた。根回しになったと思った。

「こないだ社長がふらっと僕の所に来て、グラスシールの話をされた。君の説明を聞いて良く分かった」

社長は僕の意図するところを察してくれたんだと、小躍りするほど嬉しくなった。いい会社に入ったと満面の笑顔になった。意を決せて直訴したかいがあった。大義名分には社長も逆らえないと意気揚々となった。

「有難うございました」

森村は何度も頭を下げた。意を決して、製造部長にアタックして本当に良かったと思った。頂点に立てば立つほど情報が来なくなると感じた。電波雑音の情報など全く皆無の様だった。我が社の主力製品がどのように変遷して行くかもご存知なかったようだ。俺が俺がと威張れば部下は委縮する。情報も集まらなくなる。情報が不足すれば判断も誤る。自分も気をつけねばと改めて思った。立場がいかように変わろうとも、会社を思う気持ちに変わりなし、会社繁栄が仕事なのだ。製造部長だって思いは同じ、会社を愛しているのだ。

あの一件以来製造部第三課の谷口課長のもとへ日参の日々となった。グラスシール炉の新設が決まったからである。原料課に少量生産できるグラスシール炉があり、この炉を改造してモノリシックタイプの抵抗入りプラグを試作してきた。

モノリシックタイプの抵抗入りプラグはGM車に使われたデルコ製や、酒井が試作したモノリシック構造で明らかのように、これまでのグラスシールに比べて抵抗体が入るため長くなり、広い範囲を加熱しなければならない。

滑石充填方式は滑石粉末を充填強固にプレスして漏えいを防止している。粉末であるから何回かに分けて少量ずつ充填、ある程度の長さが必要になる。チェンソーエンジン用プラグは極短長であるから滑石充填寸法が取れず、やむをえずグラスシール製法で生産している。東洋窯業の唯一グラスシール製法品である。

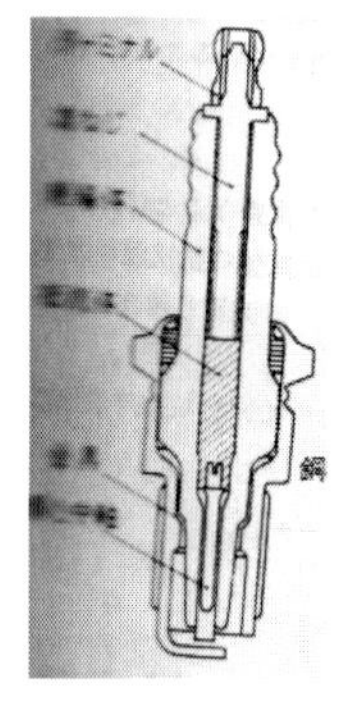

グラスシール炉は全体を炉の中で加熱する全体加熱と、抵抗体や封着用のガラス粉末部分だけを加熱する局部加熱方式があり、酒井グループが研究開発してきた方式は局部加熱方式だった。封着用のみに比べ抵抗

部分も加熱して溶解しなければならないから、加熱範囲の拡大が必要となる。どれだけ広くするか、何回もテストが繰り返えされていた。

「理想的な抵抗入りプラグの断面です」

酒井が部内教育用に準備したモノリシックタイプの抵抗入り断面図を広げた。Ａ３画用紙に大きく書かれていた。

「絶縁体に中心電極を挿入して、仮押さえした後、導電性のシール材を入れ仮押さえして、抵抗材を入れ仮押さえして、端子側のシール材を入れて仮押さえ、おねじ端子を入れて加熱、溶解して封着してモノリシック構造を構築しますが、いろいろ問題があります」

酒井が谷口に説明していた。

「谷口さんもご存知のように、中心電極側のシール材は中心電極の封着と抵抗体との導通の役割ですが、絶縁体の膨張係数と合わせる必要があります。研究部時代からこのシール材に銅粉を使いますが、もちろんガラスと混ぜますが、この図の様に真っ直ぐな面はでません」

酒井は別な横線用紙にシール部分の状態が分かるスケッチを描いて説明を続けた。

「先ほど見せたＡ３画用紙の抵抗体部分の詳細図です。我々が鋭意開発中のモノリシック三層構造のスケッチです。最初から説明します」 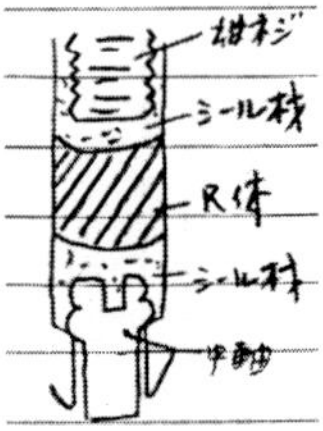

作業台に向き合って座り、横線用紙に書いたスケッチを指さして言った。

「我々が量産化を目指しているグラスシールタイプＲプラグの構造は導電性シール材で抵抗体を分在させる三層式です。シール兼用抵抗体の一層式などいろいろやりましたがこの三層式が一番安定していました。それで三層式に決めました。

三層式構造に使用する導電性シール材、中軸側のこの部分ですが、気密性、耐熱性、中軸との固着性が要求されます。気密性をよくするために膨張率をアルミナガイシ、絶縁体ですが、このガイシより小さくし、加熱封着後の冷却で絶縁体収縮によって内部シール材が圧縮されるように設定します」

「膨張係数を合わせるかと思っていましたが、収縮させるのですか」

谷口が感心する心境になったようだ。

「勿論それもあります。膨張係数の大きなガラスを使うと気密性が悪くなりますから、絶縁体より少しだけ小さいものを選択しました」

「ガラスの膨張係数以外にも溶融温度など溶け具合が重要ですよね」

「谷口さん、その通り、軟化点がシール作業に合致させる必要がありますから、低融点ガラスは使えません」

「問題は上下のシール材に挟まれたR体です。シール材のような気密性や耐熱性は要求されませんが、雑防性能やR値の安定化、火花耐久性などが重要になります。R材の組成はガラス、骨材、カーボン系が生産性、性能面で優れているようです」

「酒井君、雑防性能とは電波雑音防止能力のこと」

「すいません、略して、そうです。そもそも抵抗入りにする目的は雑音防止ですから、雑防能力が一番要求されます」

「生産し易いかどうか気になりますが、ガラスがキイですか」

「そうです。ガラスがキイです。これまで酸化鉛を主成分とする軟化点三六〇（℃）の低融点ガラスから軟化点七五〇（℃）のガラスまで種々検討しましたが、低融点ガラスは温度係数が悪く雑防性能が劣る、材料コストが約二倍と高くなる欠点が判明しました」

「軟化点の高いガラスを使えばよろしいということ」

「そう単純ではないようです。軟化点が高いガラスは、焼結性が悪くなり火花耐久性が不安定に、形状が湾曲になって雑防性能が劣るなど問題があります」

「ガラスというのは単純そうにみえますが、難しいですね」

「溶かして封着ですからやはりガラス材の選択がキイです」

「それで、どんなガラスになりました」

「取りあえず、軟化点が中間程度の物で仕様を決めました」


酒井グループ三人が森村の傘下に入ってモノリシックタイプの抵抗入りプラグ開発のスピードは日増しに速くなった。暑かった夏もとっくに過ぎて秋たけなわの涼しい季節を迎えていた。午後七時でも明るかったが、日没時間も五時だいになっていた。

森村は酒井を自分の席の右隣に置き何時でも話し合える配置にした。技術部長が強引に働きかけてくれたお蔭で研究部長も渋々彼らを手放した格好になった。優秀な部下が配下に居れば研究業績も上がるから、浜田に取っては苦渋の選択だったはずだ。

事を成す資源は人である。意欲のある優秀な人材が事を成す。明確なターゲットが決まり資源が確保できれば成功する確率は一〇〇（％）だと森村は信じていた。森村が懇願してもらい受けた酒井はそういう人材だった。意欲があった。誰とも協調性があった。誰の話もよく聞いた。就業時間を気にしなかった。徹夜仕事も休日も厭わず開発業務に集中、没頭した。森村の実験計画をことごとく打破した。渓流の女王魚アマゴのように敏捷で優雅に振る舞った。ガラスのことなど何も知らない森村にとって神のごとき振る舞いだった。

「酒井君、シール作業温度を九〇〇（℃）以下に下げられませんか」

生産技術部の課長鈴木誠が発言した。生産技術部には鈴木と名乗る技術者が六名もいた。名字だけでは通じない。営業本部の会議室を借りてグラスシール炉新設の会議が行われていた。原料課にあるグラスシール炉でも少量生産は出来たが、製造部長の指示で谷口が責任者となって量産設備の新設が決まった。

森村が近々抵抗入りプラグの増産を仄めかし、将来一〇〇〇万個もの需要があると、今後の需要予想を数字で説明したあの一件以来製造部長の態度がガラッと変わった。周囲も驚くほどの変わりようである。一八〇度も言う事が違ってきた製造部長の豹変に渡辺課長も唖然となった。大声で怒鳴って、猛反対したのに、変わり身の早さも格別だった。

山田製造部長の前歴は技術部長だった。製造技術も含め点火プラグ全般の技術に詳しかった。アメリカのチャンピオン社から製造技術を学んだが、チャンピオン社以外は全てグラスシール製法だった。技術担当なら当然他社技術、特に生産技術のコンペを行い、自社技術と比較検討する。何故他社がグラスシールか、グラスシールと自社の滑石充填方式の比較検討は幾度と繰り返し行ってきた。その張本人でもあった。

近い将来、もし点火プラグの中に抵抗を入れる抵抗入りプラグの時代が来たら、現行仕様では他社と同じように競争出来ないと察していた。山田が技術部長時代からカートリッジタイプの抵抗入りプラグは少量需要があった。航空機用は全て抵抗入りだった。森村が恐る恐るやって来て話を聞いたとき、山田はやっぱり来たのかと思ったようだ。

「原料課のグラスシール炉と加熱部分が異なりますので、スケッチ図を配布します」

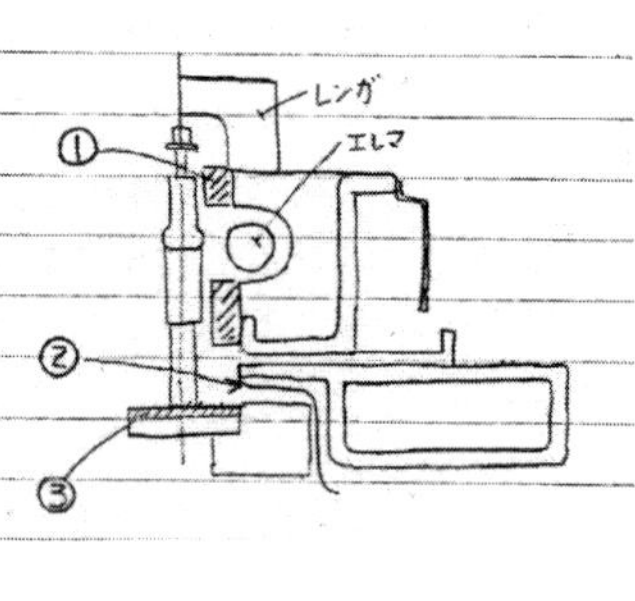

酒井が横線用紙に鉛筆書きしたグラスシール炉の加熱部図を出席者の前に置いた。

「ご存知のようにエレマと書いている丸い円は発熱体で、これが熱源です。一〇〇〇（℃）以上の高温になって左側のプラグ接合体に輻射と対流作用で加熱します。

斜線を引いた部分（1）はインライトレンガを長くして上部へ逃げる熱流を防止します。斜線（2）は隙間を少なくするカバー、下側に逃げる熱の遮断目的、同じく斜線（3）はプレート面の効果を上げる手段です。いずれも現行の炉をいろいろな面から実験した改善点です。加熱面積が広くなる分、逃げる熱流を抑えたいと思いまして」

「酒井さん、エレマ発熱体そのものの発熱強化策は不要ですか」

谷口が責任者の立場で質問した。

「現有炉のエレマでテストを繰り返しましたが、発熱量は結構有るようですので、現有のエレマでも大丈夫かと思います」

酒井は立ち上がって丁寧に説明した。

「生産技術から今回新設のグラスシール炉の基本仕様を説明します。最初にすべきでしたが遅くなってすいません」

生産技術部西村主任がおずおずと自分たちが書いたグラスシール炉全体図を見ながら発言した。

「まず、加熱エネルギですが、先ほど来話題になっているエレマを使う電気方式、ガス炉も考えましたが、実績がある現用電気式を選びました。一本立て、こちらも二本立てを計画しましたが、実績ある現用仕様を採用しました。間欠サイクルタイムは二秒としました。オーバルトラックコンベヤー方式、こちらも現用を採用しました。炉の長さは今の物より一メートル（m）長い約五メートル（m）、ぐるっと、楕円上のコンベヤー方式です。

一メートル（m）長くしたのは、抵抗材の充填や抵抗値測定ベンチが必要だからです。各種のベンチはコンベアの外側に近接して、絶縁体挿入、中心電極挿入、下側シール材挿入加圧、抵抗体粉末挿入加圧、上側シール材挿入加圧、最後におねじ端子挿入とそれぞれ挿入ベンチを設けました。近接して仮押さえ装置を設定します。シール材と抵抗材粉末は三回の充填、三軸充填になります。先ほども説明しましたサイクルタイムは二秒の間欠送りですから、サイクルタイムに同期、合わせて挿入動作をさせます」

「中心電極の切断は、現用と同じですか」

分かっていたが、酒井が質問した。

「すいません、忘れていました。下側シール材充填加圧して固めた後、所定の寸法に切断加工します」

「抵抗材の充填量が多くなりますが、考慮していますか」

谷口が質問した。

「噴霧乾燥器で粒形に成形、流動性を高めていますので充填加圧によりしまりが良くなり、おねじ端子の立ちが安定します」

西村が答弁した。

「抵抗値測定のレイアウトも説明して下さい」

酒井は分かっていたが、説明を促した。

「すいません、まだ抜けていました。大事な項目でした。自動選別方式を導入しました。抵抗値の基準は三キロオームから七・五ロオームですので、冷却後コンベヤー上に設けた選別機で自動選別します」

量産試験の結果抵抗値のバラツキは大きく、上限七キロオーム（kΩ）から五〇〇オーム（Ω）設定幅を広げ抵抗値不良を減少させる仕様変更を行った。

「規格値を外れた物の始末は」

谷口が質問した。合格範囲を広げたがまだ不良品が出る。

「自動で抜き取り、通い箱に保管します」

「今どき人海戦術はあり得ませんから、聞くまでも無い事で、失礼しました」

谷口が笑いながら言った。

「一番重要な加熱温度、シール材、抵抗材を柔らかくしてホットプレスする所の説明を聞いていませんが、どう設計されましたか」

谷口配下の木村係長が質問した。

「すいません、一番大事なホットプレスの所の説明が遅くなりました。内孔温度で九五〇（℃）、そうですね酒井さん」

西村が酒井に振った。

「ちょっと高いようですが、今の所、そうです」

酒井が回答した。

「内孔温度とのことですが、温度の測定方法は」

「ダミー方式と呼んでいますが、同じ形状した接合絶縁体の抵抗部分に熱電対温度センサーを埋め込んだダミーで測定します。この図のように抵抗体が入る部分にＣＡ線を挿入、シール材を充填して固めた温度計測用のダミーです」

酒井が簡単なスケッチを書いて説明した。

「完成はいつ頃ですか」

谷口が質問した。会議出席者の全員がいいものを造ろうとする熱意に溢れていた。東洋窯業株式会社に働く全員が一団となって動き始めた、そんな空気が酒井を取り巻き始めていた。全社的にモノリシック抵抗入りプラグが認知されたと酒井も高揚した。

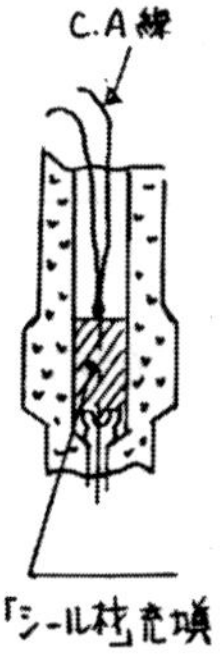

第八章

アメリカスノーモービルメーカー立ち合いテスト

暮れの十二月人事で、森村正雄は課長代理に昇格した。エンジンを設計出来るほど技量のある渡辺課長は二階級特進、部長待遇本社企画室長に栄転、森村が渡辺課長の後釜に座った。同人事で、酒井と丹羽は主任に昇進、森村にとって喜ばしい人事が行われた。

「森村さん、課長昇進、おめでとう御座います」

鶴舞商会の加藤専務が森村の席に来てお祝いの挨拶をした。

「加藤さん、代理ですよ、代理」

加藤は秘密事項のある技術部に入門許可証もなく勝手に出入り出来る唯一の部外者だった。プラグキャップが主生産であったから、同業者に近い間柄である。特に森村とは電波雑音関連で親密な間柄だった。森村より年齢は一〇歳以上離れていたから、その分人生経験も豊富で、親父に近い兄貴分の貫録があった。

「森村、新課長、今度のアメリカ出張、宜しくお願いします」

「加藤さん、代理ですよ、こちらこそいろいろ教えて下さい」

スノーモービルメーカーに初めて抵抗入りプラグ納入が決まり、東洋窯業製抵抗入りプラグでカナダの電波雑音規制をクリア出来るか確認テストが要求されていた。森村にとって海外メーカーと立会いテストは初めてである。日程は一二月中旬と決まった。日程は決まったが、困った事に立ち合いテストに使う電界強度計がない。森村達が使っている強度計は七五〇メガヘルツまで測定可能だが、客先は一〇〇〇メガヘルツまで要求していた。

客先が生産するスノーモービルはカナダ向けが大半であったから、電波雑音規制があるカナダのレギュレーションを満足する必要があった。さらにカナダの認定機関が使用している測定器と同じ物が要求された。客先からの情報でカナダの認定機関が使用している計測器名はすぐ分かった。その計測器を製造しているメーカー名も情報があった。

カナダ規制に合致した計測器がなければ立ち合いテストは不可能である。世の中は良くしたもので救世主が現れた。鶴舞商会の専務取締役加藤だった。加藤は以前から自分の会社でも電波雑音を計測したいと考えていた。森村からカナダ規制に合致する計測器の話を聞くと、自社購入を即断即決した。個人会社だから稟議書など不要、森村は棚から牡丹餅と喜んだ。ツキがあると良い方に、良い方に転がって行く。

「森村課長、計測器は弊社で購入しますが、買い方は面倒みて下さい」

「加藤専務、有難うございます。本当に助かります。うちでも揃える予定ですが、上の決済に時間がかかります。本当に有難い。アメリカで買ってそのまま客先に持ち込めます」

「キャップ屋も雑防の時代ですから、商売の為の投資です」

「米国東洋窯業株式会社名で購入します。ドル決済ですので、自分が帰国した時の円ードルレイトで、加藤さんの会社から円で弊社にお支払頂く、如何ですか」

「万事森村課長に一任です」

「有難うございます」

森村は立ち上がって頭を下げた。いい人に出会ったと思った。

「計器の購入先はロス市内のシンガー社ですので、ロサンゼルス空港からシンガー社に直行ということで宜しいですか」

加藤は計測器メーカーから直接購入したいと以前から森村に話していた。その時が来たら同行して欲しいとも言っていた。

「一人では不安ですから、助かります」

「弊社の米国駐在員に決済させます。計器はシカゴ事務所に配送してもらい、シカゴ事務所で確認テストを行い、車で六〇〇キロほど離れたスノーモービルメーカーがあるカナダ国境まで運びます」

「一二月の北米は寒いですよ、カナダの国境近くまで北上すれば、そうとう冷えますね」

「新品を最初に使わせて頂きます。申し訳ありません」

「弊社の抵抗入りキャップと貴社の抵抗入りプラグ組み合わせでカナダ規制をクリア出来るといいですね」

「いろんな種類を持って行きますから、自信あります。客先のテストが終わりましたらシカゴ事務所まで車で持ち帰り、シカゴから弊社の本社へ空輸、加藤さん宅まで私がお届けに参ります。そういうことで宜しくお願い致します」

森村はもう一度頭を下げた。

「愚息がロサンゼルス市に出向していますから、息子に会ってきます」

「長男さん、ロスですか、楽しみですね」


一二月一〇日、森村と加藤はロサンゼルスへ旅立った。早朝ロサンゼルス国際空港へ到着する便である。予定通り空港に降り立った森村と加藤に駆け寄って声をかけた男がいた。

米国駐在三年目の栗田である。

「森村さん、アメリカにようこそ、お待ちしていました」

「栗田君、有難う、お世話になります」

森村は栗田の手を握った。アメリカ式の挨拶である。

「こちら加藤さん、鶴舞商会の専務さん」

初合わせの栗田に加藤を引き合わせた。加藤は商売人である。栗田の手をしっかり握って頭を下げた。

「お疲れでしょうから、空港内で一休みしてから出かけますか」

栗田が気を使った。

「加藤さん、計器屋へ直行しませんか」

「ケイキ屋、森村さん、ケイキ屋ですか」

「栗田君、シンガー社だ。計測器屋だ。なんでケイキ屋だ、馬鹿な」

「そうでしょう、びっくりしました。アメリカに来て、いきなりケイキを買いに行くなんて」

「文系は気がきかんな」

加藤と森村は笑った。営業栗田の気配りを感じた。初めて米国へ来た出張者は皆さん緊張しているから、冗談を言ってリラックスさせるようにと所長から言われているようだ。

「加藤さん、直行で宜しいですか」

「僕は何度も来ているから、平気だよ」

「栗田君、朝早くからすまんな、シンガー社へ直行してくれ」

「そうですか、レンタカーを用意していますので、そちらに移動しましょう」

アメリカは自動車大国、どこへ行くにも車を使う。早朝とはいえ、ロサンゼルスの街はクリスマス商戦なのか華やいで見えた。

シンガー社の計器購入はこちらが客だから下手な英語でも不都合がない。現物を見て、操作方法を教えてもらい、二時間ほどで全ての手続きが終了した。一〇〇〇メガサイクルまで計測出来る電界強度計を初めて見た。カナダの認定機関もこれを使っているんだと親しみを感じた。また一つ世界に秀でる武器を手にしたと心が躍った。日本製と違って外観の表示もすべて英語である。当然であるが新鮮な技術力を感じた。


ロサンゼルスとシカゴは三時間の時差があった。太陽は東から西に動くから、太陽を追っかけて西に移動するのは有利だが、東へ移動は時差分がプラスになる。ここを一二時に出ても飛行に四時間かかれば到着は夜の七時である。シカゴ空港に夕方着くと連絡してあるからゆっくりしておれない。森村は今日中にシカゴ事務所に到着したかったので、要件が終わると栗田を急き立てた。

加藤をロサンゼルス中央駅に降ろして今朝着いたロス国内空港から昼食も取らずシカゴ空港に向かった。シカゴ空港到着は夜の八時になった。約束の時間が大幅に遅れたがシカゴ事務所駐在の阿部が到着ゲートで森村を待っていた。阿部は四年ほど森村の配下だったから森村とは親しい間柄だった。

「遅くなってごめん、迎えに来てくれて有難う。再会できて嬉しいよ」

森村は阿部の手を固く握った。自分を支えてくれる相棒に再会した気分になった。

「森村さんもお元気そうで、懐かしいです。今回はハードスケジュールで申し訳ありません。森村さんに電波雑音をご教授頂いて役に立っています」

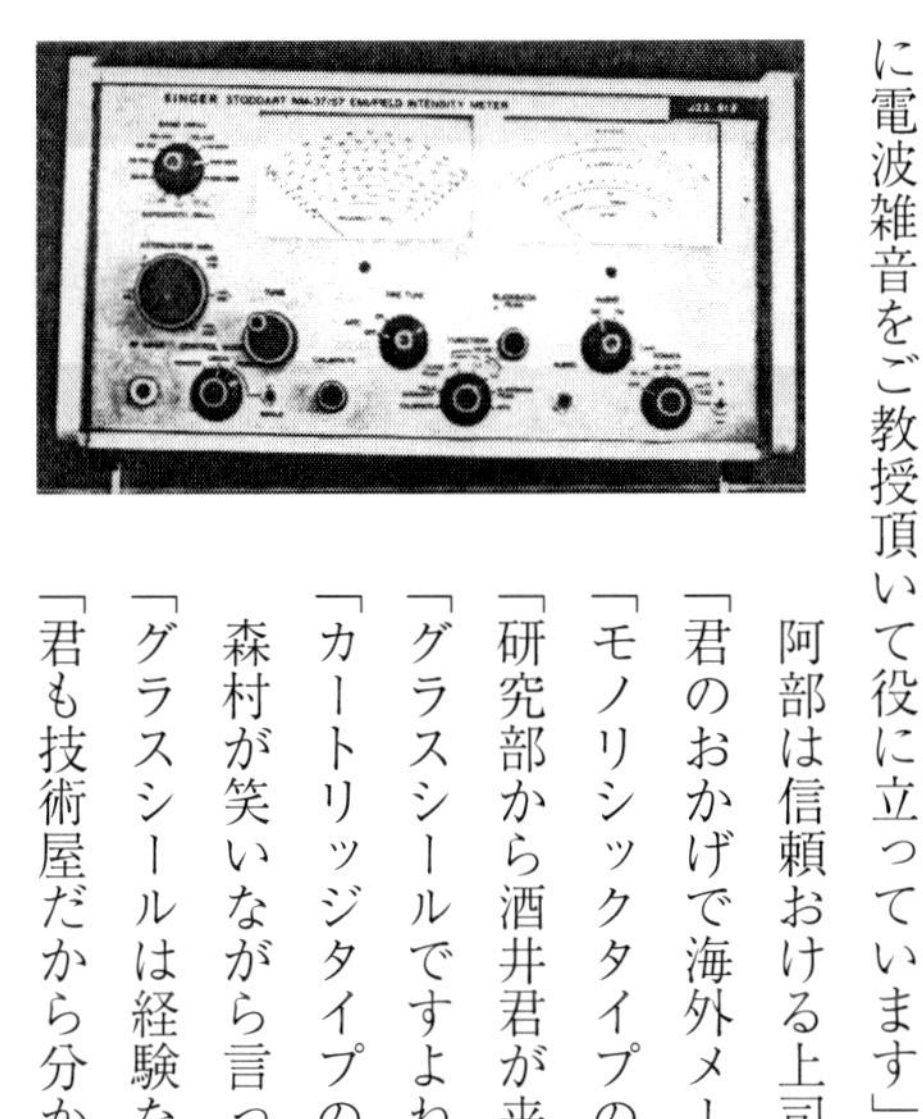

阿部は信頼おける上司に再会した気分になっていた。

「君のおかげで海外メーカーへ初納入、感謝しているよ」

「モノリシックタイプの抵抗入りですね」

「研究部から酒井君が来てくれてね、開発が加速した」

「グラスシールですよね、我が社のグラスシール、ちょっと心配ですね」

「カートリッジタイプの方がいいと、そういう意味ではないね」

森村が笑いながら言った。

「グラスシールは経験ないから、大丈夫か、心配になって」

「君も技術屋だから分かると思うが、どちらが合理的か、自然の摂理に合っているか、経験がないからと躊躇していたら、世界の主流から弾き出される。挑戦するしか手がない」

森村は語気を強めて言った。

「抵抗入りプラグに変わっていきますか」

阿部が真剣な顔になった。

「抵抗入りだよ、現に今度の受注は抵抗入りプラグだろう」

「そうですね」

「GMの話は知っているよね」

「知っています」

「君が駐在しているこのアメリカの世界最大、自動車メーカーが抵抗入りを採用したんだ」

「フォードも採用するそうです」

「そうだろう、アメリカがやればそれが標準になる。だから僕らは必死になってチャレンジだよ、モノリシックタイプでなければ勝てないと確信している。君もそう思うだろう」

「さすが、元上司、迫力満点です」

阿部も元上司の意気込みに同調したい気分になった。

「長旅でお疲れだと思います。今夜は空港近くのホテルを予約しています。そちらへ真っ先にご案内します。明日からじっくりお話伺います。再会出来てよかった。本当に」

森村と阿部は空港近くのホテルに向かった。アメリカ出張初日の長い一日が終わった。

シカゴ事務所近くの空き地に森村と阿部の姿があった。シンガー社から航空貨物で送られてきた電界強度計とアンテナ一式もあった。航空貨物便で送られてくるだけあって梱包はしっかりしていた。強化プラスチックの箱の中にウレタンのような柔らかな部材が計器の外箱とぴったり合うようにできていて、上側にも柔らかな蓋があり、車で持ち運んでも大丈夫と思える包装だった。

「これなら日本へ送っても大丈夫だ」

森村がおもわず発言したのも頷ける。包装を解いて用意した作業台に並べて確認する。アンテナケーブル一本でもなければ測定作業は出来ない。取扱い説明書も確認した。客先で不都合があってはいけないし、計測器の扱いにも慣れておく必要があった。

「全部つないでやってみますから、阿部君はアンテナを担当して下さい」

アンテナは低周波用と高周波用の二種類になっていた。日本で森村達が使っていたダイポールタイプとは大違いである。いちいちアンテナ長さを調整しなくてもよい構造で、カナダの認定機関もこれを使っていると聞き、加藤が即決した絶品である。

「森村さん、三脚もしっかりしていますよ。この上に立てます」

「地上三メートルの高さだが、旨く出来ている。三メートルの高さになるよう設計されているようだ。二回だけの上げ下げ作業だから楽だね、さすがアメリカだ」

「日本では何回も上げたり下げたりでした」

「阿部君、君も知っているように、我々が日本で使っているアンテナだと、測定周波数ごと長さを調節する必要がある、測定ポイントが一五回だったら、その都度下げて調整、上げる回数も一五回だ。これを使えば二回ですむ。アメリカはすごい、合理的だ」

「僕が楽なアンテナを担当します」

「電波雑音の音を聞くレシーバーも大きいね」

「電波雑音の音ですね」

「点火系から出るノイズが一番高いから、この点火ノイズを聞きメーターの表示を読むんだ。音を聞いているから、点火ノイズと判定できる」

「僕にも経験があります」

「設定がすんだら電源を入れて測定してみよう」

「こんな街の中でも大丈夫ですか、山の中とか、静かな所でないと」

「計測器がちゃんと動くかどうか、アメリカのラジオ放送やテレビ放送も聞いて、点火ノイズと区別出来るよう練習だから。車のエンジンをかけてくれるか」

阿部が一〇（ｍ）離れた車に乗り込んでエンジンをスタートさせた。アメリカで初めて聞くノイズである。電界強度計を読むのも初めてだ。ピカピカの新品、冷たい風も気にならず満ち足りた気分になっていた。事前チェックは順調に進んだ。

「グッドモーニング、ミスタースミス、ナイスミーチュー」

森村にはそう聞こえた。アークテックの技術センターロビーで阿部の声だ。昨日シカゴから六〇〇キロも走ったか、カナダ国境に近い町、シーフリバーフォールスに入りアークテック社近くのモーテルに泊まり、朝一番で技術センターにやって来た二人だった。

「ハウドユドウ、マイネイムイズモリムラ」

森村も慣れない英語を口にして、マネージャーのスミスに挨拶した。阿部が抵抗入りプラグ採用のお礼を述べ、立ち合いテストに日本から担当マネージャー森村が来たことなど立ち話をした。スミスが右手を挙げて歩き出した。

「会議室を用意したから、そこで打ち合わせしたいと言っていますので、そちらに行きましょう」

阿部がスミスの後を追いかけながら森村に告げた。森村もスミスの後に従った。会議室には二名のエンジニアが待っていた。森村はスミスと二人のエンジニアに名刺を差し出して挨拶した。阿部が万事取り仕切った。駐在三年目でアメリカ英語にも不自由ないそぶりにみえた。ここは一切阿部任せと決め込んで、若いエンジニアの表情を見守っていた。モノリシック抵抗入りプラグ採用第一号客先の顔をしっかり覚えておこうと思った。

「森村さん、テスト車は三台、エンジン排気量とか、車体が違うそうです。測定場所はここから五キロ先のテストコース、コース脇の平地があるそうです。三機種ともカナダ向け」

「分かった」

「トラックで運ぶようで、スミスさんはテストに立ち会わない、若いエンジニアさん二人が行くということで頼むとスミスさんが言いました」

「了解」

「特に打ち合わせる事がないようなら、これから現地に案内すると言っていますが、どうしましょう」

「こちらも特に無いからテスト場にでかけましょう」

阿部の説明で二人のエンジニアも立ち上がった。スミスが二人に何か話しているが聞こえない。二人が頷いて会議室を出たので、森村と阿部が後に従った。技術センターの脇に大型のトラックが三台のスノーモービルを積んで待機していた。二人のエンジニアがトラックに乗り込んだ。

「後をつけて来てくれ、そう言っていますから、我々も急ぎましょう」

阿部が駐車場に止めた自分たちの車に急いだ。

一〇分も走ったか前方のトラックが止まった。辺りは荒涼とした原野に見えた。所々に雪が積もっているのか平原があちこち白く見えた。寒々とした景色である。テスト場と紹介されたが測定建屋もテストコースも見えなかった。 

「グランドノイズを最初に測ります。次にエンジンをスタートさせ、防止器無しの状態で測定します。次に防止器、抵抗入りキャップと抵抗入りプラグの組み合わせ、これでカナダ規制を満足するようでしたら、抵抗無しのプラグキャップと抵抗入りプラグでテスト、カナダ規制を満足する防止システムを確立します」

森村は二人のエンジニアに片言英語でテストの内容を説明した。現物を指さしての説明だから意思は十分通じているようだ。森村がテストの内容を話している間に阿部が車から計測器やアンテナを作業台に並べ始めていた。事前のチェックで測定手法は習得していた。

「森村さん、準備できましたよ」

阿部が大声で言った、日本語で。

森村が電界強度計の前に座り、耳にレシーバーを当ててスイッチを入れた。

「あれ、どうしたんだ」

森村の顔がみるみる青ざめていった。

「動かん、何にも動かん」

「森村さん、どうかした」

アンテナの傍にいた阿部が声をかけた。二人のエンジニアも森村を囲んだ。

「電源が入らん、うんともすんともまるで反応なしだ」

電源スイッチをＯＮにするとメーターが動き、スピーカーから雑音が聞こえるのにまるで死人のように動かない。

「六〇〇キロも運んできたから、壊れたの」

「日本に送れるほど丈夫なキャリーバッグだ、そんなことはない」

「どうしますか、彼らも心配そうですよ」

モノリシック抵抗入りプラグ採用第一号、ここでポシャったら、酒井の顔が浮かんだ。製造部長の厳めしい顔も、みんなが待っている、辺りの景色が真っ白になった。

「阿部君、すまん、温度計を見てくれ」

頬に風があたると寒気のせいか痛みを感じたが、躍動感に満ちていたから寒さを忘れていた。空は真っ青に晴れ、太陽が眩しく照り付けている。暖かな、いい天気だと思えた。

「二十八度、マイナス二十八度です」

「マイナス二十八度、ええそんなに寒いの、陽がこんなに照り付けているのに」

「寒いんですよ、彼らの服装を見ても分かります。森村さんは熱血漢だから寒くないんだ」

マイナス二十八（℃）の野外でテストした経験はなかった。北海道の旭川で低温始動試験を行ったが、マイナス十五（℃）位だった。

「阿部君、原因が分かった。二時間ぐらい待って欲しいと言ってくれ」

計測器の心臓部は半導体集積回路、トランジスタやダイオードの素材はシリコンなどの半導体、温度が低いと電気を通さない絶縁体になる。

「取扱い説明書に使用温度が書いてあるはずだから、何度から使えるか調べてくれ。彼らには自分が説明する」

こういう技術的な説明は森村にも出来た。知識は窮鼠を救うと思った。

「0度（℃）からと書いてあります」

「うかつだったな、昨夜は計器を車に積んだままにしておいたから冷えちゃった。とにかくホテルに戻って、暖房、熱風をかけて温めよう」

暖房を最強にして計測器のカバーを外し、扇風機で熱風を三十分も当てたら動き始めた。

「予想通りだ」

扇風機を借りたいとフロントマンに言ったら怪訝な顔をされたが、かまっておれない。阿部は暖房機を探しに出かけて行った。原因が判明したからパニックは沈静化し始めた。

「遙々ここまで来てアウトになったら切腹もんだった、腹を切らずにすみそうだ」

森村は安堵した。暖房器具を買いに出かけた阿部を待った。

「それでは始めます」

阿部が二人のエンジニアに英語で言った。二時間遅れでアークテックスノーモービルの電波雑音測定が開始となった。森村達が乗って来た車の中に電界強度計をセットし、ガスコンロで暖を取った。森村は暖かな社内で計器を読み取った。阿部はマイナス二十八度の野外でアンテナ操作、二人のエンジニアも外で防止器の交換などを行った。その後テストは順調に進み、客先が準備した三台のスノーモービルは抵抗入りキャップと酒井の自信作モノリシック抵抗入りプラグの組み合わせでカナダ規制をクリアできる測定結果が得られた。

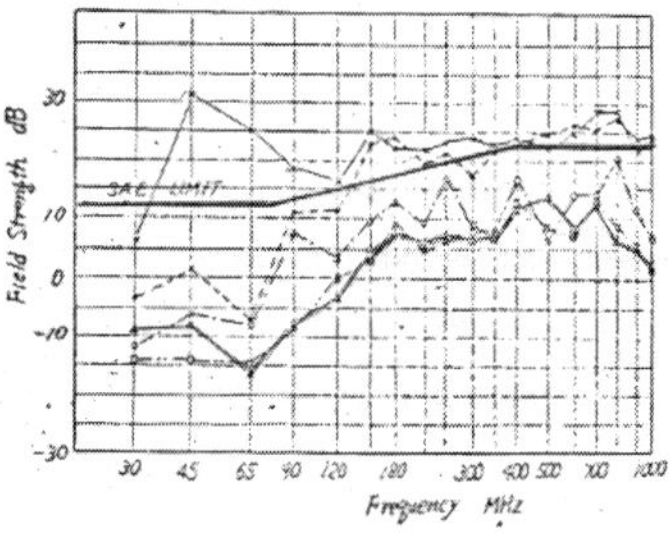

森村は持参したグラフ用紙に測定結果の数値と、カナダの電波雑音規制値をグラフ化した中に一台一台測定値を線で結んだグラフを書いた。

「阿部君二人のエンジニアに説明してくれ」

阿部と二人のエンジニアが森村を囲んだ。

「ＳＡＥ、ＬＩＭＩＴがこの線、横軸が周波数、縦軸が電界強度、一番上の線が防止器無しの結果。規制値をオーバーしている。ＳＡＥはアメリカの規制だがカナダも同じ」

阿部が同時通訳である。グラフを指さしての通訳だから分かり易い。

「この線が抵抗入りキャップ、高周波帯で規制値オーバー、下側の太い線は抵抗入りキャップと抵抗入りプラグの組み合わせ、全周波数帯で規制値を満足している」

二人のエンジニアは了解したと親指を突き出した。こうして三台の測定結果をグラフ化し、抵抗入りキャップと抵抗入りプラグの組み合わせで規制値を満足すると英語で書き込んだ。二人のエンジニアもサインした。森村は測定が終了するとその場で三枚の測定結果とそれにコメントを付けて報告書にした。

「ご協力頂き、有難うございました。テストは無事完了しました」

阿部がそう挨拶して森村が書いた報告書を差し出した。アークテック技術センター会議室に五人が顔をそろえていた。

「有難うございます。当社には電波雑音のエンジニアがいませんので助かりました。これで安心してカナダへ輸出できます」

テストの結果は二人のエンジニアから聞いているのかスミスマネージャーが笑顔を見せた。電波雑音の測定などやっていないと二人のエンジニアは話していた。彼らにとってもいい経験をしたようだ。雪の上を走るスノーモービルにも電波雑音が問題になる時代が来たと認識を新たにした。森村が解説した電波雑音の技術的背景が彼らを刺激した。自分たちが造るスノーモービルが電話回線に障害を与えているとは全く知らなかったから、勉強になったと礼を述べたほどだった。


シカゴ事務所に帰着すると所長が待っていた。

「森村さん、お疲れ様でした。旨く事が運んで良かったですね」

「有難うございます。田中所長さん、カナダ国境があんなに寒いとはびっくりしました」

「一二月中旬の今頃が一番寒いようです」

「太陽が煌々と照り付けて明るく、それなのにマイナス二十八度とは驚きました。パニックになりましたが、いい経験をしました」

「パニックになったって、どうしましたか」

「知識不足と言いますか、経験不足と言いますか、こちらで購入した測定器が動かなくて、真っ青、技術者として恥をかきました」

「ちゃんとリカバリーされたと聞きましたよ」

阿部が上司の所長と連絡を取り合っていることを知った。恥を隠さずに話してよかったと思った。

「森村さんは日本一の電波雑音大家だそうですね、ご高説を拝聴したいですな、ああそうそうこれから森村さんの歓迎会でした。大した席ではありませんが、夕食をご一緒したいと思いまして」

田中所長は自分より五年先輩、文系で入社以来営業部門を歩いてこられただけに人心を掴む親しみが感じられた。森村は至る所でいい人に出会えると感謝の気持ちになった。アメリカにはロサンゼルス、シカゴ、ニューヨーク、デトロイトに営業所があった。東洋窯業株式会社の製品を販売する目的で営業活動が営まれていた。

田中所長は森村を営業所から歩いて行ける近くの中華料理屋へ案内した。阿部も同行した。久しぶりにゆっくり食事が出来ると森村は喜んだ。

「先ほどの話の続きですが、電波雑音規制の動向、どう世の中が動いていくのかご高説を拝聴したいですな」

宴もたけなわの頃田中所長が真面目な顔になって言った。

「世の中がどう動いて行くかなど大それた話は出来ませんが」

「阿部君、森村さんは我が社切ってのというか、日本一の雑音屋だ、大家だぞ」

「良く知っています。以前の上司ですから、それにアークテックスノーモービル立ち合いテストで良く分かりました。自信たっぷりでしたから」

阿部がにこにこ顔で言った。

「電波雑音の規制は拡大しますか」

田中所長が再び発言した。

「電波の利用は拡大すると思います。アメリカでは軍事用にレーダー技術が先行していますが、無人偵察機の操縦もそうですし、僕はアマチュア無線愛好家ですが、近い将来携帯電話が固定電話を凌駕する時代が来ます。テレビ放送ももっと充実するなど電波利用は拡大の一途だと思います。

超便利な電波を皆さんが使うようになったら混線したり誤動作したり、無人爆撃機が誤動作してミサイル発射ともなれば戦争が始まるかもしれません。誤動作の主な原因はノイズです。アメリカでいち早く自動車から排出される排気ガスが規制されました。大気を汚染するからです。一台や二台の自動車なら問題ありませんが、数万、百万台ともなればたとえ少ない排出量でも山も積もればなんとかで、問題ですね。

信号とノイズの比、Ｓ／Ｎ比と言いますが、もしノイズが大きければ信号も大きくしないと、騒がしい居酒屋で、大声で話すようなもんで、放送局の電波を強力にしないと受信できませんね、逆にノイズが小さければ弱い電波でも十分です。

自動車が走れば残念ながら電波を放出します。点火プラグが発生源ですから、プラグ屋の出番が来ました。自動車から発生する電波雑音が問題になり始めました。自動車が多くなったことと、この先電波の利用が拡大見込みだからです。カナダや欧州では法律で規制する、排ガスを規制するＥＰＡのような法規制が行われています。もし自動車メーカーが何も防止対策をしなければ、法規制は拡大すると思います」

森村はしゃべりだすと止まらない悪い癖があった。

「森村さん、すごいね、自分の考えをこんなに確り持っている人初めてだ、君は我が社の誇りだ、阿部や、おまえも技術屋だ、見習わんといかんぞ」

酒の席である、くだけた言い方だが森村は嬉しかった。遠くアメリカにも分かってくれる仲間がいると感激した。

第九章

理論的電波雑音防止技術

新しい年を迎え、忙しく挨拶回りをしていたのがつい昨日のように思えたが、季節は巡って春になった。今年も浅間高原で合同測定会が行われた。鶴舞商会の加藤は昨年暮れに購入したシンガー社の電界強度計を持ち込むと張り切っていた。森村は課長職もあって多忙を極めていたので、丹羽が森村の代理を務めることになった。

この時期大学の先生が委員長を務める電波障害防止委員会が主催で自動車から発生する電波雑音防止のセミナーが計画され、委員長を務める大学の先生と自動車メーカー勤務の技術者、カーラジオメーカー勤務の研究者、それに防止器メーカーを代表して森村の四名が講師を務めることになった。

森村の会社は点火プラグを主力生産する自動車部品製造業であるが、抵抗入りプラグ以外の防止器はなく、鶴舞商会から東洋窯業株式会社のロゴを入れた抵抗入りキャップを購入、汎用機メーカーへ自社製として納入していた。海外にも自社ブランドで市販が少しあった。だから防止器メーカー代表で講演することに躊躇した。

「先生、セミナーの講師のことですが、防止器メーカー代表となると、他に沢山いらっしゃるのではないかと思いまして」

委員会が終了後大学の先生に荷が重すぎる旨話し込んだ。遠慮もあった。

「自動車技術会誌に幾つか論文を出しておられるし、あなた以外に防止器を語れる方はいません。心配ご無用、お願いします」

委員長だけある。びしっと一言、心配ご無用と。

「分かりました、頑張ってみます」

森村は素直に頭を下げた。この道の大御所、大先生から心配ご無用と言われて、断るすべも無い。そんな経緯があって防止器全般について講演することになった。かれこれ七年になるか、電波雑音を本職とするようになって、単品では十分な防止対策が出来ない事を知った。どこかの防止器メーカーと組まなければ満足する防止対策が出来ない事も分かった。自動車からの電波障害を抑制するには各種防止器を開発、商品として用意しなければならないと思った。

鶴舞商会はX社の要求でフランス向け輸出車にフランス製の巻き線抵抗入りプラグコードの加工を始めていた。フランス製のコードを採用していれば電波雑音の認定試験が免除される特典があった。X社のヨーロッパ輸出車はこの特典のため、フランスからコードを輸入して、鶴舞商会に端末加工を依頼していた。キャップが本業であるが、プラグコード会社から直輸入して加工、納入するようになって鶴舞商会の売り上げは三倍にも膨れ上がった。

巻き線型プラグコードの端末加工に森村も参画した。加藤専務の依頼には断れない間柄だからしょうがない。だからプラグコードの加工には自信ができた。他の防止器だって設計は出来ると思った。セミナーでは基本理論に集中して話を展開しようと思った。これなら自信を持って講演できる。

セミナーの当日がやって来た。トップバッターはかの委員長先生、演台の前に座って話始めた。難しい内容の話だが、スライドも、ＯＨＰも無く僅かな資料で、講演調もフラット、だから聴講者の中に居眠りが始まる。大学の教授先生ともなると頭脳明晰であるから聴講者も自分と同じように思われるのか、企業に勤務する者からすれば、サービス精神が不足しているように感じた。

森村は九〇枚近いスライドを作成した。一冊に纏められた資料の中身も森村が書いた分が半分近くあった。自動車から発生する電波雑音を防止する技術に精通し、できれば社の売れ上げにも寄与したいと願っていた。講演依頼はこれまでの総まとめの意味合いからも好都合だった。

「自動車から発生する電波雑音の発生源は点火系が最も多く、他の電気機器の数倍以上だと思います。ですから点火系から出るノイズを断てば目的は達成されると考えています」

森村の番が来た。森村は点火系が見えるスライドを映して発言した。

「自動車のボンネットを開けてエンジンルームを覗くとこのスライドのようなプラグコードが目に入ります。高電圧を点火プラグに供給するケーブル群です。火イグニションコイルで発生した三万ボルトほどの高電圧を点火プラグに導き、火花放電させる点火装置です」

森村は最初の写真を赤いポイントマーカーを当てて言った。

「点火装置はガソリンエンジンの燃焼を掌る重要な役目があり、火花点火機関と呼ばれているほどです。火花放電は雷の稲妻と同じようにエネルギを持っています。この放電エネルギで燃料を点火、燃焼に導きます。火を着けるマッチの役割です。四サイクルエンジンでは二回に一回点火ですから、三〇〇〇回転のエンジンでは一分間に一五〇〇回火花放電が起こっています。次のスライドを見て下さい。

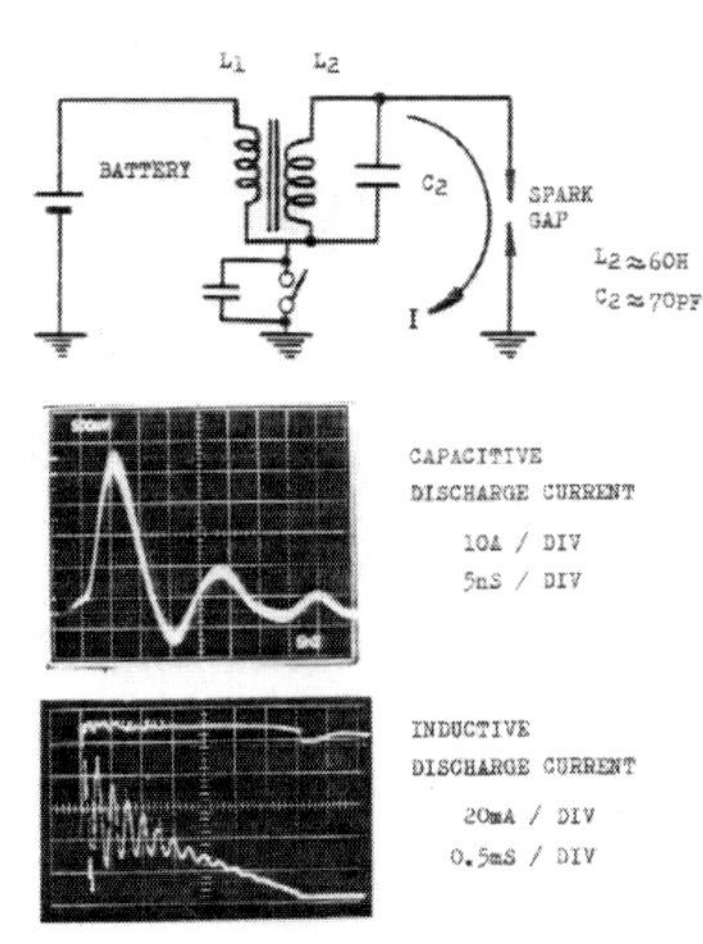

点火装置の基本的な電気回路と火花放電時、点火回路に流れる電流を示しました。十二ボルトのバッテリーから昇圧トランス、イグニションコイルと呼んでいますが、このトランスで約三万ボルトの高電圧に昇圧、スパークギャップに印加して火花放電させます。スパークギャップが火花放電しますと放電電流が発生します。この放電電流波形を同じスライドの下側に示しました。二つの振動電流波形です。上側を容量放電電流、下側を誘導放電電流と呼んでいます。いずれも横軸が時間、縦軸が電流の大きさです。

よく見て頂きますと、違いが分かります。時間の単位が上側の容量放電は5ナノセック、つまり一〇のマイナス九乗と非常に短く、下側の誘導放電は〇点五ミリセック一〇のマイナス三乗とゆっくりした電流です。時間差で一〇の六乗も違います。大きさも容量放電は一〇アンペア（A）、誘導放電は二〇ミリアンペア（mA）、こちらも三桁小さい値です。

皆さんもご存知のように電波は周波数が高くなると発生します。中部電力の商用交流は六〇ヘルツ

(Hz)、NHKのラジオ放送東海地方は七二九キロヘルツ(kHz)です。一万倍も違う速い周波数です。ですから中部電力の送電線や配電線からは電波は発生しません。ヘルツが電波の存在を発見しましたが、彼の実験も火花放電を使いました。火花放電時に流れるこのようなパルス状振動電流は多くの高周波を含んでいます。この振動電流が電波発生の元祖です。次のスライドを見て下さい。

このスライドはプラグコードに流れる容量電流を計測している写真です。カレントプローブと呼ばれる電流ピックアップで火花放電電流の大きさを測定します。矢印がカレントプローブです」

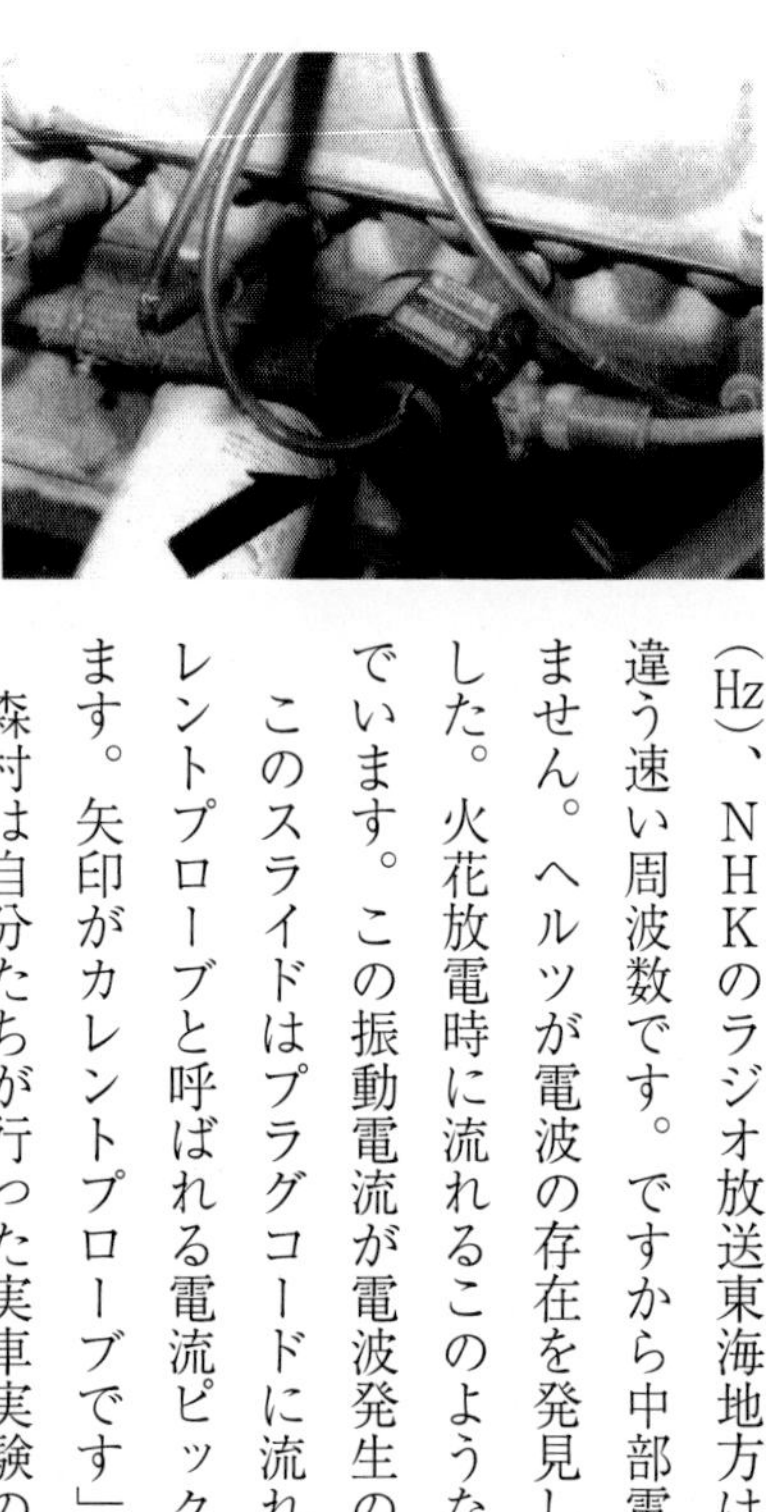

森村は自分たちが行った実車実験の写真を示して言った。

「実験結果を説明します。実験結果をグラフにして示しました。横軸が電流の大きさ、縦軸が電界強度、つまり自動車から発生する電波雑音の強さです。三本の線は周波数の違いです。この実験ではっきりしたことは電波雑音と放電電流が直線的に関与しています。自動車から発生する電波雑音を低減するにはこの放電電流を小さくすることです」

自分達が行って得た結果である。自信を持って断言した。

「質問がございますか」

大先生は講演中質問を受け付けなかったので一方通行の堅い雰囲気だったので、質問を受け会話形式の方が会場と一体感があって良さそうに思えた。自分が行った結果の羅列であったから不安はなかった。会場から手が上がった。

「放電電流が大きくなると電波雑音も高くなる実験結果ですが、どうやって放電電流を制御しましたか」

いい質問がきたと森村はにんまりした。

「ご質問頂き有難うございました。大歓迎です。いつでも歓迎です。疑問やご意見など、なんでも気楽に聞いていただければ有難く思います」

森村は会場に向かって頭を下げた。

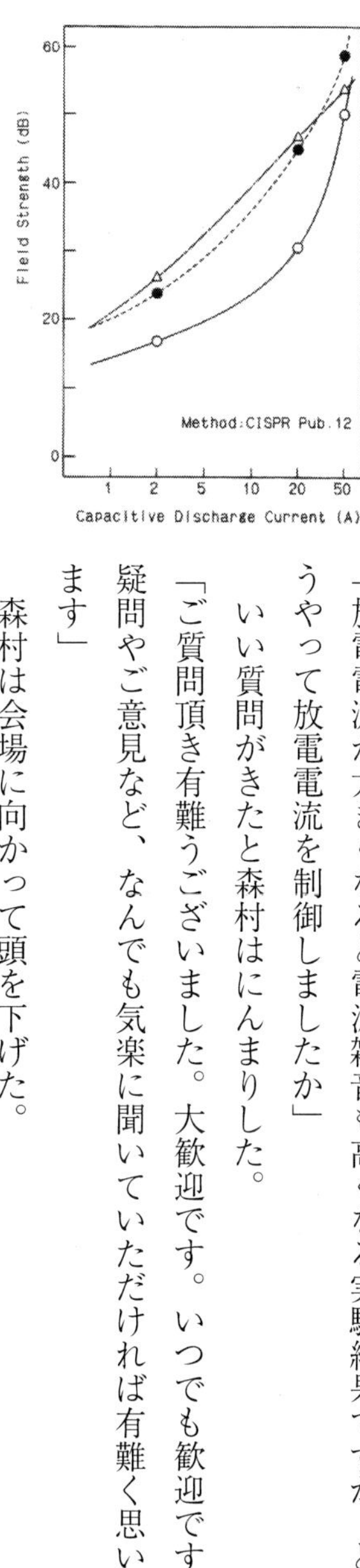

「先ほどのご質問ですが、放電電流制御の方法は幾つかあります。最も簡単な方法は放電回路に抵抗を挿入します。中学の理科の本にもありますオームの法則です。電気回路に流れる電流は加えた電圧に比例し、抵抗に反比例するという有名なオームの法則です。直流ではなく交流のしかも高周波の交流ですからインダクタンス、コイルを入れても制御できます。後ほど詳しく説明いたします。今回私の講演の骨子ですので、良い質問を頂きました。次のスライドをご覧ください」
森村はスライドを切り替えた。
「このスライドは我々が行った実験装置です。イグニションコイルの高圧出力端子に点火プラグを取り付け、この図ように金属板で支え、金属板に流れる電流を測定します。金属板に流れる放電電流をカレントプローブで検出し、高周波のシンクロスコープで波形から電流の大きさを計測します。
点火プラグの火花ギャップを〇点七ミリ、一点一ミリ、一点五ミリメートルとギャップ寸法を変化させ、電流の大きさを計測しました。結果は次のスライドをご覧ください。火花ギャップが小さいほど電流は大きくなりました。これも一つの方法です」

「はい、質問です」

森村が話し終えるとすぐに手が上がった。

「何故、ギャップが大きくなると電流が小さくなるのか」

またまたいい質問がきた。

「抵抗です、ギャップが広くなると放電抵抗が大きくなります。抵抗が大きくなるからです」

もうこれで電波雑音を防止する技術は分かってもらえたと嬉しくなった。同じ質問者からまた手が上がった。

「点火装置に抵抗を入れれば放電電流が抑制出来るという事ですか」

「私共が行った実験ではそうなりました。放電電流が小さくなれば電波雑音強度も低下しました。実際の自動車を使った実験ですので信憑性は高いと思います」

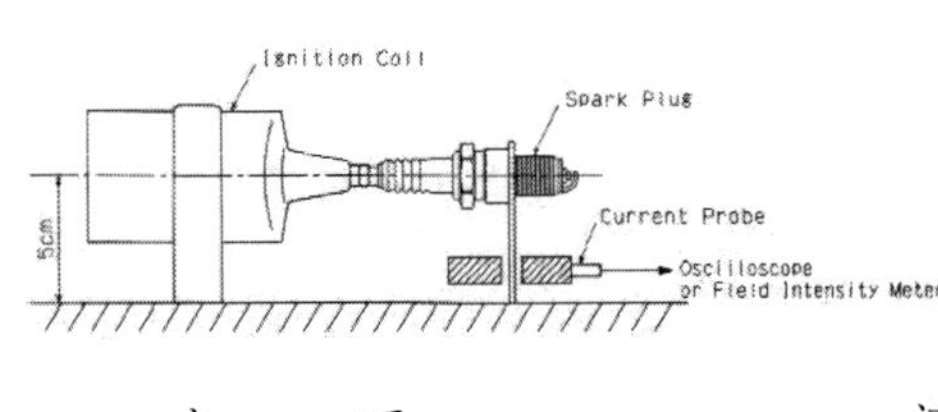

「防止対策の基本の所ですので興味があります」
同じ質問者が座ったまま発言した。
「自動車から発生する電波雑音は点火系が大半で、主原因は点火プラグの火花放電時に流れる容量放電でした。この容量放電電流はイグニションコイル配電器―プラグコード点火プラグと点火回路を流れます。ですから点火回路中のどこかに抵抗成分を直列に挿入すれば容量放電電流は抑制出来ます。点火回路に抵抗成分を直列に挿入することが防止器を装着するということになります」

また会場から手が上がった。

「抵抗成分と言われましたが、単純に抵抗と言わず抵抗成分とわざわざ言い替えられたのは何か意図がありますか」

「電気回路の三定数、抵抗R、インダクタンスL、コンデンサC、このRLCが回路に入ると流れる電流に影響を及ぼします。抵抗Rは分かりやすいですが、インダクタンスLやコンデンサCはリアクタンスとなって影響を及ぼします。特に電波が発生する高周波帯では顕著です。例えばLとCが並列に繋がれていますと共振現象が生じ、インピーダンス無限大になって電流が流れなくなります。

　抵抗に電流を流すと電気ストーブのように発熱します。電気エネルギが熱に変わります。インダクタンスやコンデンサはエネルギを蓄える作用があり、エネルギを消費しませんから、好都合です。

　横道にそれましたが、抵抗成分と言いましたのは単純な抵抗のみでなくインダクタンスやコンデンサも含む意味合いで使いました」

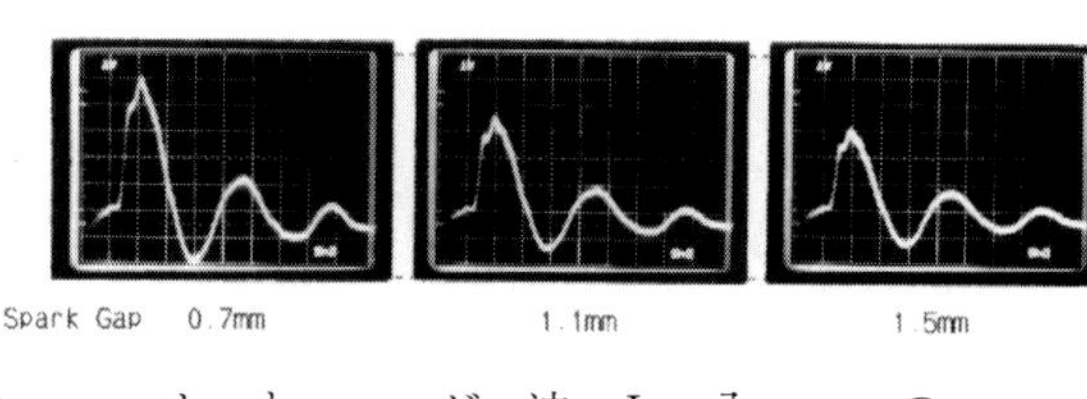
Spark Gap　0.7mm　　1.1mm　　1.5mm

「有難うございました。良く分かりました」
　質問者がお礼を言った。
「これまでの内容を要約しますと、電波雑音を低減するには、(一)、放電電流を抑制する、(二)、放射しにくい車体形状とする、(三)、発生源を遮蔽する、など電流抑制だけではありませんが発生の根源を解説しました」

「それでは電流抑制の具体的手法、防止器について、次のスライドをご覧ください。電波雑音の業界では極悪人と言われた点火プラグです。雑音発生源の親分でしょうか、三種類を示しました。一番右側が滑石充填型一般プラグ、次がグラスシール型一般プラグ、左端がモノリシック抵抗入りプラグの断面図です。右側二つは抵抗が入っていません。図の下側の中心電極と外側電極の間に一ミリほどのギャップがあり、ここで火花放電が起こります」

発火部のギャップにマーカーを当てて言った。

「一般プラグと抵抗入りプラグの違いはここに抵抗があるかどうかです」

森村はモノリシック抵抗体部分をマーカーで照らし強調した。

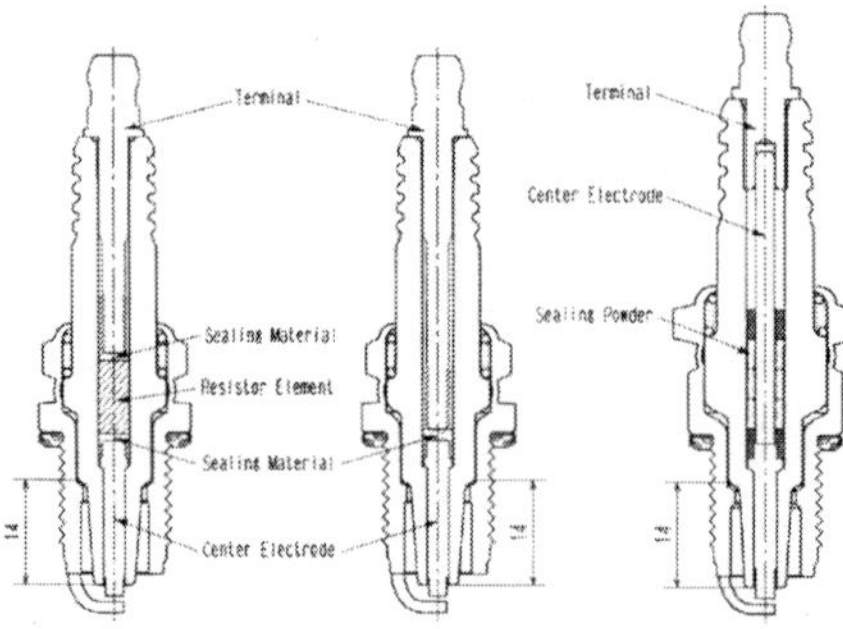

「火花ギャップの一番近い所に抵抗体が挿入できますから容量放電電流の抑制に効果的です。容量放電電流はコンデンサに蓄えられた電荷の放電ですから、コンデンサ容量が小さいほど少なくなります。点火装置全体のコンデンサ容量を小さく設計することも効果があります」

「防止対策として抵抗入りプラグの採用が最も効果的ですか」

会場からまた質問があった。

「これからいろいろな防止器を紹介しますが、最も効果があるのは抵抗入りプラグです。発生源に一番近い所に抵抗を挿入できますから効果も抜群です。弊社の主力製品ですので宜しくお願い申し上げます」

森村は大げさに頭を下げた。会場から笑いが起こった。

「抵抗入りプラグが装備された点火装置を検証してみます。こちらのスライドをご覧ください。イグニションコイルから発生した高電圧がイグニションコードを経由して点火プラグに印加、火花放電が発生、放電電流が流れる回路が形成されています。上の図です。下の図は抵抗入りプラグの内部構造と等価回路です。より防止効果の高い抵抗入りプラグを設計するには抵抗体の挿入位置が重要です。各所にコンデンサCが出来るからです。

これらコンデンサに充電された電荷が容量放電電流になるからです。プラグギャップに発生源があるとして、減衰量を理論的に計算します。最も減衰量が多くなるCを求めますと抵抗体Rが発生源に近接するほど減衰量は高くなります。計算するまでも無く当然の結果です。プラグ屋もいろいろ考えて造っているとご理解頂ければ幸いです」

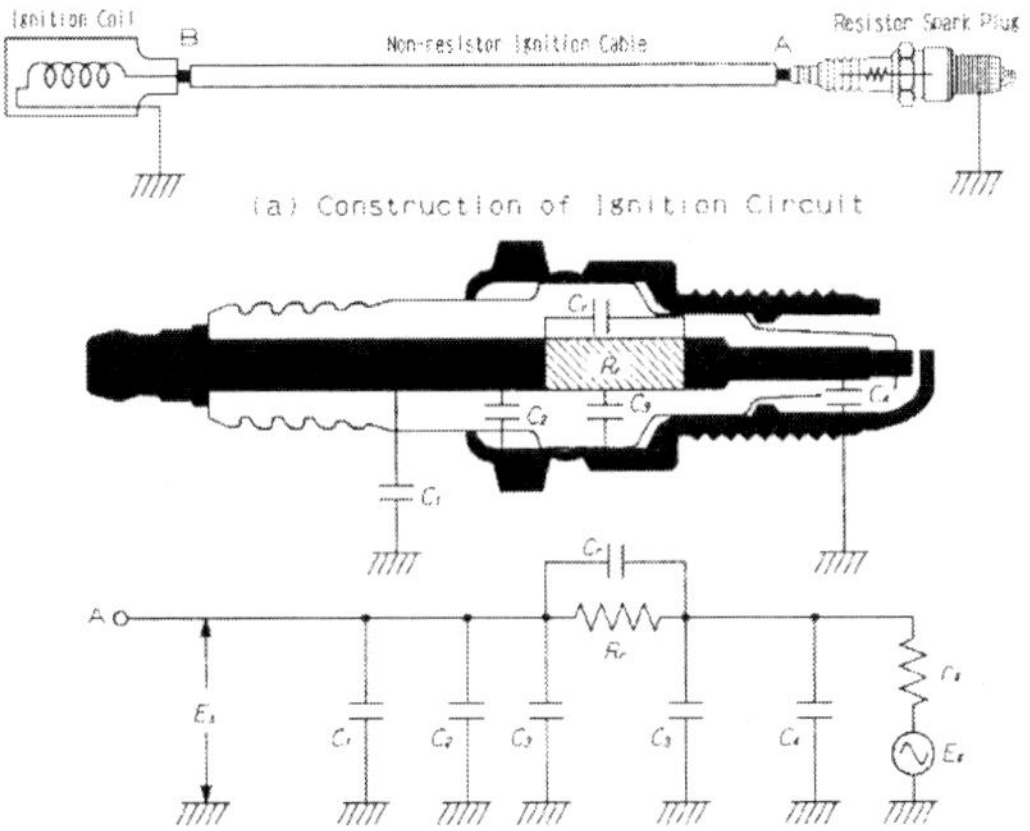

会場から笑いがあった。森村達はコンピュータを使って分布定数回路など難解な電気回路に流れる電流を計算して明らかにしていた。理論的考察から点火回路に流れる雑音電流を計算で求め、実験結果と付合させ、論理的に雑音電流抑制を明らかにしていた。

「森村さん、これ博士論文に纏めたら学位取れますよ」

某自動車メーカー研究所勤務の学位を有する研究者から言われたこともあった。少なくとも点火系から発生する電波雑音を理論面、実証面、具体的な対策面、具体的な防止器の設計と試作面で誰にも負けない自負があった。さらに理に適った防止器の量産と普及を図り、近い将来世界一の防止器製造会社になる夢を抱いていた。

図-115　プラグコードの等価回路

図-115 で *AB* 間の特性インピーダンス Z_0 は,

$$Z_0=\sqrt{\frac{R+j\omega L}{j\omega C(1-\omega^2 C_1 L+j\omega C_1 R)}} \qquad (86)$$

「それでは具体的な防止器を紹介します。こちらのスライドをご覧ください。上側の写真はイグニションコイルから点火プラグへ高電圧を伝送するプラグコードです。見た目では普通のコードですが、内部構造が違います。抵抗成分が挿入されています」

会場からまた手が上がった。

「抵抗成分とは、単なる抵抗ではないという意味ですか」

「いい質問を頂いて恐縮です。後ほど詳しく紹介します。先に進みます。下側の写真は抵抗入りプラグキャップです。二輪車とか汎用エンジンに使われているイグニションコイルから点火プラグに高電圧を接続する器具です。この中にも抵抗成分が挿入されています。防止器の外観を紹介しました。

先ほどの質問にもありました、抵抗成分についてお話しします。図一一五と書かれたスライドはエンジン技術月刊誌に投稿した電波雑音の技術解説ですが、雑防用プラグコードの電気的な等価回路を示しました。この等価回路を見て頂きますと回路の三定数R、L、Cが入った分布定数回路になっていまして、単なる抵抗だけの回路ではありません。この分布定数回路AB間のインピーダンスは式八六のようになります。

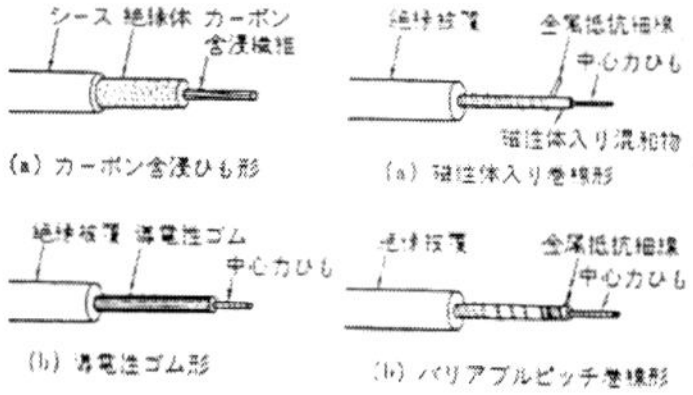

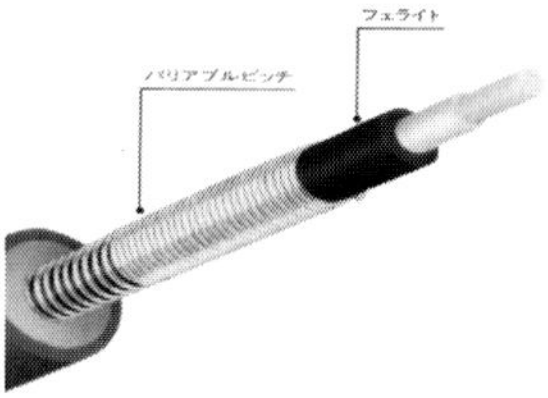

雑音防止効果の優れたプラグコードはインピーダンスZが大きいほど良いことが分かります。一貫して申し上げておりますが、インピーダンスが高いほど雑音電流を抑制出来るからです」

「抵抗だけのコードよりインダクタンスも在った方が良いという事ですか」

先ほどと同じ質問者が手を挙げて言った。

「質問にお答えするスライドを用意しました。各種雑防用プラグコードの構造です。プラグコードは高電圧に耐えられるよう導体を絶縁体で覆っています。普通導体は銅線です。銅線は抵抗がありませんので雑防用はこの部分が抵抗体になっています。

抵抗体にいろいろ工夫があります。最も安価で普及しているのが、カーボン含浸、紐形と呼ばれる導体部分がカーボン含浸繊維になっています。カーボンが抵抗体です。抵抗部分が導電性ゴムで出来た導電性ゴム形もあります。これらはほとんど抵抗成分のみで雑音電流を抑制します。

スライドの右側は固有抵抗の高い金属細線をぐるぐるコイル状に巻いた巻線形です。ニクロム線のような抵抗値の高い金属線をフェライトのような磁性材に巻き付けた構造の物もあります。抵抗線をコイル状に巻きますからインダクタンス成分が加算され、単なる抵抗体よりインピーダンスが大きくなり雑音電流が抑制されます。

ＦＭラジオ周波数に共振させる巻き方をランダムにしたバリアブルピッチ巻線形もあります。フェライト芯に抵抗細線をこのスライドのように密に巻いた部分と疎に巻いた部分を作り、特定な周波数で並列共振させインピーダンスを大きくしようとする考案です。

電波の発生は高い周波数帯ですから、巻線形は小さなインダクタンスでもリアクタンス成分が大きく、インピーダンスが高くなりますから雑音電流の抑制に効果的です。前にもお話しましたが、インダクタンスはエネルギを消費しません。ですから同じインピーダンスの巻線形は抵抗値を小さくできますから、火花エネルギ損失の少ない防止器になります。イグニションコイルと点火プラグをつなぐプラグコードにインピーダンスを持たせるこの防止器はコスト面でも優位な防止器ですから、自動車用には広く普及しております。

変わってこちらのスライドは抵抗入りプラグキャップの内部構造を示したものです。プラグコードを接続する接続端子と点火プラグの脱着用コネクター端子を備え、これら接続端子間に抵抗体が配置されています。

抵抗体はソリッド形と呼ばれています。セラミック系の焼結抵抗体が多く用いられています。セラミック系は高温焼結製ですので、高電圧にも耐えられる性能があります。固有抵抗の高い金属製の細線をコイル状に巻いて、インダクタンスと抵抗二つの成分を持つ低抵抗でインピーダンスが高い巻線タイプもあります。イグニションコイルと点火プラグを接続するプラグキャップも抵抗体を挿入することで、雑音電流を抑制する防止器になっています。

以上電波雑音を防止する防止器について紹介しました。何度も申し上げておりますが、火花点火機関では点火系から発生する雑音電波が最大で、この雑音電波の根源は点火プラグの火花放電時に流れる容量放電電流」

森村はここまで言って言葉を止めた。そして話を続けた。

「この火花放電電流を抑制する、火花電流を小さく抑えれば雑音電波の発生も小さく、電波雑音を抑制できます。くどいようですが、放電時の電流を抑制するには、点火回路に抵抗体、高周波で効果的な高インピーダンスを有する抵抗を挿入することで問題解決です」

森村が強調した直後会場から手が上がった。

「高インピーダンス体の防止器が雑防に効果あると理解しましたが、インピーダンスという用語がしっくりきませんが」

「電気の世界には電池の直流と発電機の交流、同じ電気でも異なった、この世に男と女、違いがあります。銅線をぐるぐる巻いたコイルに直流電圧を加えても銅線の抵抗のみに反応しますが、交流ですとコイルに発電作用が生じて電流を流しにくくするリアクタンスと呼ばれる現象が現れます。電線の持つ抵抗とリアクタンスの二つを合算したものがインピーダンスです。電波は周波数の高い交流ですのでリアクタンスが大きくなりインピーダンスも高くなって優れた防止器になります」

会場から手が上がった。

「電波雑音の防止方法は良く分かりましたが、具体的にどれぐらい効果がありますか」

「有難うございます。私の講演最後の〆としてお話しする予定でした。防止器を挿入すると電波雑音はどれだけ抑制できるのか、ここがキイですね。これが最後のスライドです。自動車から発生する電波雑音の実測例です。

このスライドを説明します。横軸が周波数、縦軸が電界強度、電波雑音の強度で

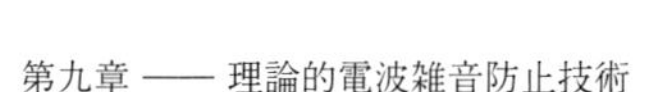

す。冒頭にありました大学教授からお話があったかと思いますが、電波雑音の規制値、ここではシスプロリミットが中央に入っています。このラインから下側にあれば法規制を満足していることを示しています。

一番上の丸線は防止器無しの場合で、やはり雑音レベルが高く規制値をオーバーしております。次の黒丸線は防止器として抵抗入りプラグコード装着の場合です。防止効果がかなりありましてほぼ規制値を満足しております。

一番下側の三角線は先ほどの抵抗入りプラグコードにさらに防止器として抵抗入りプラグを組み合わせた結果です。図からも明らかなですね、雑音レベルが一段と低減し完璧な結果です。抵抗入りプラグコード装着でもかなり防止効果がありましたが、抵抗入りプラグを組み合わせることによってほぼ完璧に電波雑音を防止することが可能です。

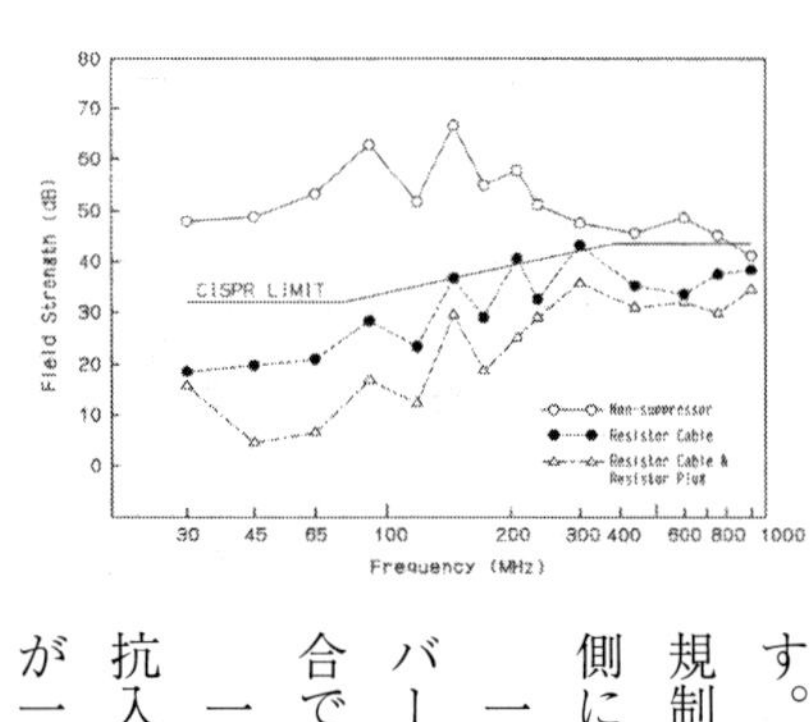

弊社は点火プラグを主力生産しております。ガソリンエンジンで点火プラグは必需品です。これがないとエンジンは動きません。この必需品である点火プラグに抵抗を挿入した抵抗入り点火プラグは電波雑音を防止する防止器として、二つの機能を持つ優れものです。防止器として抵抗入り点火プラグを最優先で選択して頂ければこの上もない幸いです。ご清聴ありがとうございました」

会場から笑いと大きな拍手がきた。森村は嬉しかった。大きな仕事をやり遂げた満足感に溢れていた。

第十章

二輪車市場を開拓しよう

森村の上司渡辺が二階級特進で企画室長に栄転後、抵抗入りプラグ関連業務は全て森村が取り仕切ることになった。昨年の十二月、米国アークテックでスノーモービルの立ち合いテストを行い、抵抗入りプラグと抵抗入りキャップ組み合わせでカナダ規制を満足する結果を得た後、予定通り四月から納入が始まり事は順調に推移した。抵抗入りプラグキャップも森村の会社製として納入を始めたから、防止器の総合メーカーになるという森村の夢が一歩前進した。

たった二人から始めた電波雑音防止の取り組みは、今では総人員三十名にも膨れ上った。

製造部長の意向もあってモノリシック抵抗入りプラグの製造も森村グループの担当になったので、総員の半数は生産に従事した。生産と開発のリーダーは酒井が担当した。酒井は生産と開発業務の二足草鞋で連日遅くまで現場で采配を奮った。森村は何度も酒井に助けられた。彼が居たから森村の夢が開花したと言っても過言ではない。森村はつねづねいい部下を持ったと感謝していた。

「酒井君、あと五デービー、頼む、三か月で」

電波の強さは電界強度V／mで表す。一メートルの間に何ボルトが加わっているか、高い電圧なら電界強度が強いことになる。電界強度計ではこの電界強度をデシベル表示で現す。音の強さもデシベル（dB）表示で現すのと同じである。このデシベルをローマ字読みでデービーと森村達は言ってきた

「森村さん、又ですか、五（dB）デービー下げるの」

酒井は渋い顔をした。

「X社の二輪車向け抵抗入りプラグ、この間の立ち合い試験で規制値を満足しない結果が出てしまってね、雑音レベルの高い車種なんだよ、何とかならんかな」

「頑張ってみますが、三か月ですか」

「納期のない開発は研究だから、頼むよ」

「森村さんのいつもの口癖、よく承知です」

酒井はそれでも笑顔だった。無理を言っても笑顔を絶やさない彼に森村は心の中で頭を下げた。君が頼りだよと。

「すぐ量産適用できる開発が必要なんだ」

森村は酒井の肩に手を置いて言った。

「防止効果の高い骨材になるガラスを探してみます」

森村が予想した通りX社から急に抵抗入りプラグの引き合いが来るようになった。欧州へ輸出する機種用である。これにはちゃんと理由があった。半年ほど前森村が行ったプレゼンテーションが劇的な変化をもたらした。

埼玉研究所の技術者はドイツのボッシュ社が提示したシールドキャップと呼ばれる上の写真のような金属で覆われたプラグキャップを採用していた。このキャップを点火プラグに被せるように装着してイグニションノイズを防止する電波雑音防止対策である。

ドイツの電波雑音認定機関ＶＤＥは二輪車にこのようなシールドキャップ採用で、認定試験を免除する特例があった。シールドキャップさえ装着していればフリーパスで欧州輸出が可能だった。だから電波雑音対策など真剣に考えている技術者は希少だった。

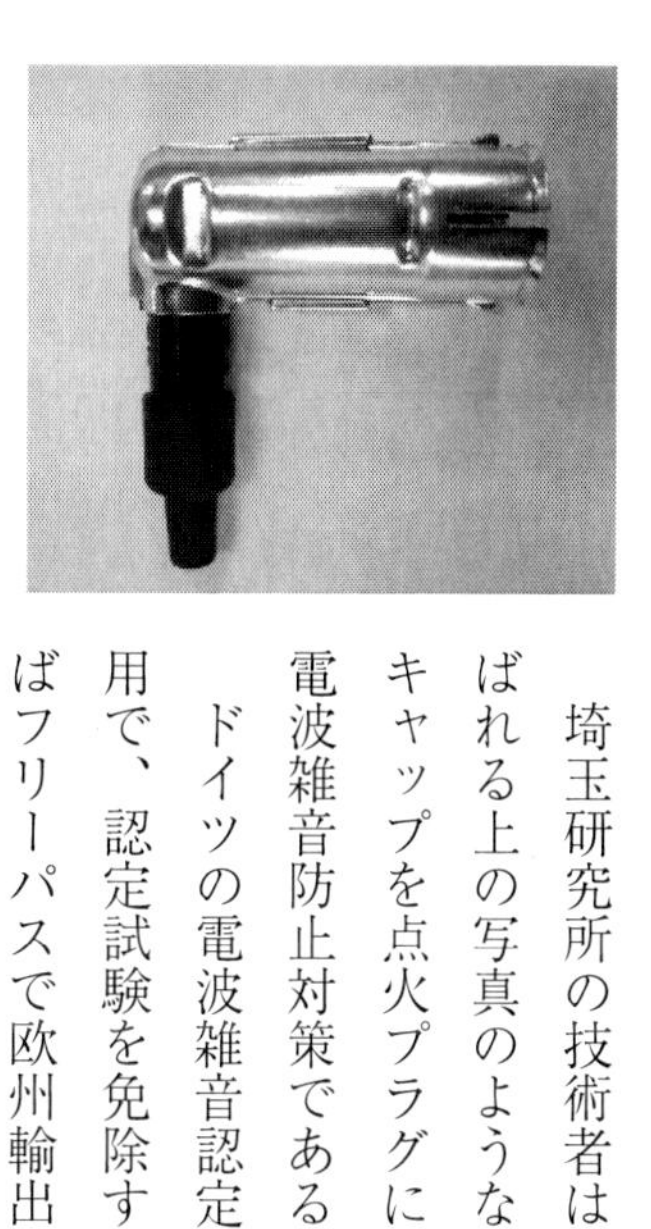

島田分科会長が用品研究所へ転籍されていなければ事態は大きく変わったと思われたが、研究部隊はどこも超多忙であったから優先順位の高い案件が優先されていた。問題ない案件が後回しになるのはごくごく自然の成り行きである。

キャップ本業の鶴舞商会はボッシュ社と提携関係にあったからシールドキャップの生産も可能で、幾らか生産し、販売も行っていた。森村達も点火プラグに実装される防止器であるから、点火プラグに及ぼす影響を十分調査していた。合わせて防止効果の確認も当然行っていた。シールドキャップ装着が点火系にどんな影響を及ぼすか、点火プラグも生産しているボッシュ社も十分調査研究して商品化したと思われたが、森村達も多方面から検討を済ませていた。

シールドキャップはキャップボデー部を金属板で囲み、一端を点火プラグの金具に圧着するように構成され、ボデー部の内部に抵抗体が挿入されている。内部に挿入された抵抗体を覆うように金属の部材

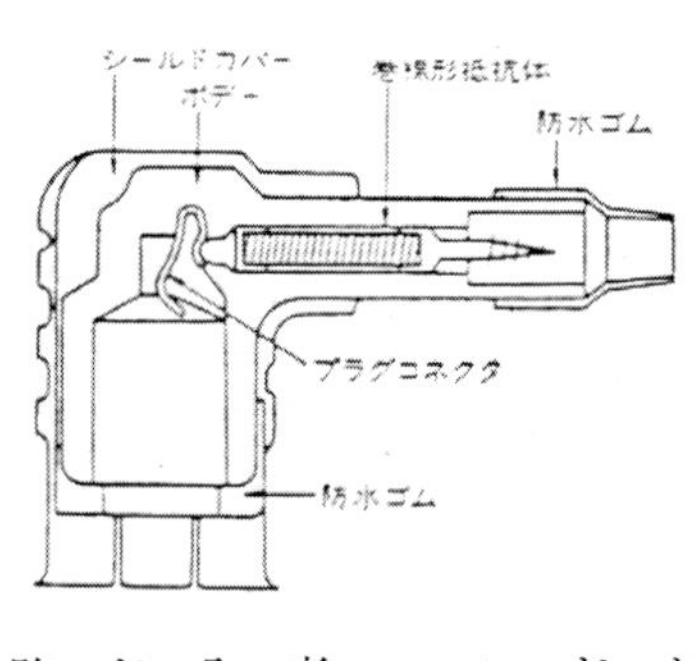

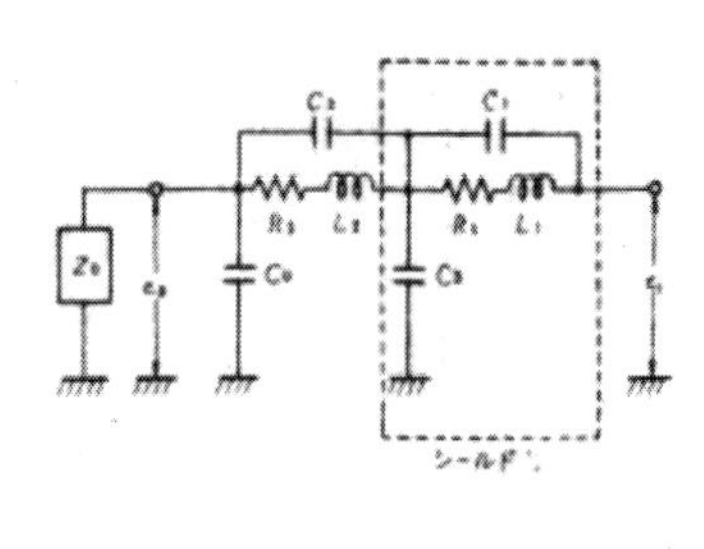

があり、この金属の部材は点火プラグの金具を通してエンジンシリンダヘッドに接地されている。さらに特徴は抵抗体がソリッドでなく巻線抵抗体で、インダクタンスを持たせたインピーダンス形である。

インピーダンス形防止器は論理に適っており、如何にもドイツ人技術者が考え付く構成である。シールドすることによってコンデンサが形成され、挿入された巻線抵抗体のインダクタンスとで並列共振回路が成立する。シールドキャップの等価回路からも明らかで、理に適った防止器と言える。等価回路からも分かるが、シールドカバーと巻線抵抗体との位置関係が重要で、被せる長さによって共振周波数を調整できるから車体から飛散する電波雑音が大きい二輪車によく適合する。

よく効く薬は副作用も大きい。これが世の常である。シールドキャップもまた幾つか副作用がある。特異な物の一つにコロナ放電障害である。点火プラグには二万ボルト以上の高電圧が印加されるから、この高電圧に依ってシールドカバー内にコロナ放電が発生する。コロナ放電は発光を伴うから暗い所で写真撮影が出来る。発光現象はエネルギ消費をもたらし、さらにイオンによるオゾンが発生、部材の劣化を助長する。

意図的にシールドカバーでコンデンサを形成させから、点火プラグ周りの静電容量が大きくなり、点火プラグへ供給される電圧が低下する。水の侵入により火花リークの危険性が大きくなる。まだまだある、キャップ自体の重量が重いので振動でプラグが緩むことがある等々、森村達の調査で防止器としては完璧だが、点火系にとって多々問題点があることも明らかになった。

「丹羽君、シールドキャップの問題点をレポートに纏めてくれ、一つ一つにデーターを付けよう。レポートにシールドキャップと抵抗入りプラグのデーターも比較し書き込んでくれますか」

森村は埼玉研究所で二輪車の電波雑音防止策のプレゼンテーションを行おうと考えた。

「森村課長、先日測定したいいデーターがあります」

丹羽が森村にシールドキャップと抵抗入りプラグを比較した電波雑音の測定結果を提示した。

「おお、いいデーターがあるじゃあないか」
「これはズバリX社の二輪車を使いシールドキャップと抵抗入りプラグ＋抵抗入りキャップの組み合わせ結果、両者を比較できるデーターです。シールドキャップが三角マークの線、抵抗入りプラグの組み合わせが丸マークの線、低周波領域ではシールドキャップの防止効果が高いですが、高周波領域では組み合わせの方が低く、防止効果に優れた結果です」
丹羽が測定した結果を説明した。
「問題点が多いシールドキャップを使わなくても抵抗入りプラグを採用すれば、欧州の規制ＣＩＳＰＲ許容値を十分満足する結果になっているな」

「十分です」

「この結果を大々的に書き込んだシールドキャップ打倒の売り込みを図ろう。自分がX社に乗り込んでプレゼン、売り込みのプレゼンは得意なんだ」

森村は丹羽が作成した報告書とOHPを用意して埼玉研究所に乗り込んだ。同行者は東京営業所所長だった。分科会長が在籍のころから何度も訪問しているので、自分一人で十分だと思っていたが、ビジネスに発展させるには営業面のフォローも必要だと、東京営業所長に同行をお願いした。 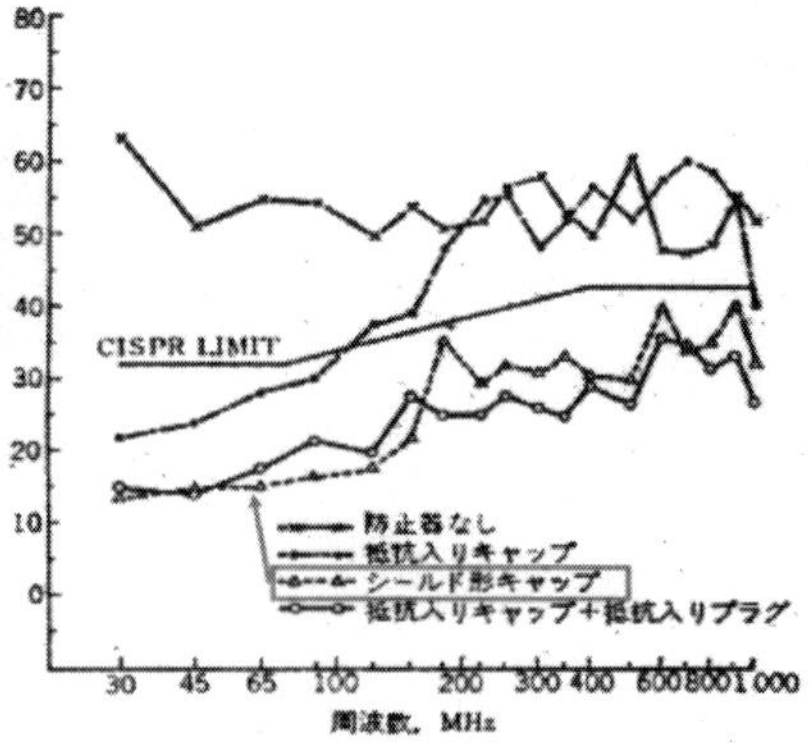

抵抗入りプラグ売り込みのプレゼンだが、X社が採用しているシールドキャップとの比較に重点をおいた。随所にずばり比較したデーターを散りばめた。中でもシールドキャップの点火系に及ぼす影響を。分かり易いように事細かに写真や図で表現した。これらの資料を駆使して、額に汗しながら森村は力説した。OHPはいずれもコピーした用紙だったが、小人数ではこの方が説明しやすいので紙芝居風なプレゼンである。

X社の社風は世界一を目指す壮大な気迫に満ちていた。埼玉研究所技術者は現用防止器にさほど興味がなかったが、森村の熱狂的プレゼンに何度も相槌を打ってくれた。森村は嬉しかった。無駄話一つせず熱心に聞いてくれたことに感謝した。

「森村課長、いいプレゼンでしたよ」

Ｘ社の技術者が謝意を述べて席を立った後所長が言った。Ｘ社の研究所では大きな食堂が打ち合わせの会場になっていた。食堂であるからコーヒーなどの飲み物もあって、広い食堂であるから、隣との距離も十分取れ、ゆったりと打ち合わせができた。

「雑防には無関心だったようですね」

「特に問題なければ、皆さん忙しいから、それでも抵抗入りプラグに興味を持っていただいたのは成功ですよ。今使っているキャップに問題があると気がつかれましたから」

「あのキャップさえ採用していたら認定検査もパス、ＯＫだからしょうがないね」

「それにしても、森村さんは電波雑音に詳しいですね、感心しました」

所長が言った。コーヒーを飲んでホッと一息、雑談に花が咲いた
「森村さん、森村さん」

誰かが森村を呼んだ。振り向くと見慣れた顔があった。先ほどプレゼンに同席した西村主任研究員だった。

「ああ、よかった。もう帰られたかと心配しました」

西村主任研究員が息を切らして言った。

「先ほどは、有難うございました」

森村は立ち上がり、びっくりした顔付きになった。

「ああ、よかった」

西村が同じことを言った。森村は何か不都合があったのか心配になって、口を開こうとしたとき西村

が声を発した。

「うちのマネージャーが呼んで来いと言いまして」

「ええ、マネージャーさんが」

「いい話でしたので席に帰って即上司に報告したら、自分も直に聞きたいと言いまして、良かったですよ、間に合って」

西村が額の汗をぬぐった。

「部屋を取りましたので、ご足労頂けますか」

「有難うございます。願っても無い事、大歓迎です」

来客用の部屋に案内されると、主任研究員を束ねる遠藤マネージャーが席に着いていた。

「お帰りのところ申し訳ありません」

森村達が姿を見せると遠藤マネージャーはすばやく立ち上がって言った。

「西村から聞き、興味を持ちまして、すいません」

「有難うございます」

森村が一歩前に出て名刺を差し出した。

「お忙しい中お時間頂戴して有難うございます」

東京営業所長も名刺を差し出して頭を下げた。

「私の直属上司だった島田、ご存知ですね、彼から電波雑音は君の仕事だと言われていましてね、なにしろ多忙でして、まあ現用で問題ないようでしたので、電波雑音は忘れていました。西村から聞きまして、もっと別なやり方もあるんだと、気が付きまして、それで」

「有難うございます。そう言って頂けますと感謝の言葉もありません」

マネージャーがまだ言い終わらないうちに森村が先走った。こんな経験は初めてである。感情が高ぶった。

「ここにはＯＨＰのプロジェクターもありますので、同じプレゼンをもう一度お願いできますか」

西村主任と研究員が済まなさそうに言った。森村は嬉しかった。要点だけ手短にプレゼンしなければと思った。西村主任研究員が用意したプロジェクターを使って要点のみ説明した。

「シールドキャップもいいが、別な防止器もあると、そういう事ですね」

マネージャーが結論らしき言葉を口にした。

「防止器を装着すると点火系の性能が劣化します。少しでも性能低下を回避すべきと、何しろ弊社の主力商品は点火プラグですので、点火性能を阻害しない防止対策、防止器屋も兼業していますので、その一端を紹介しました」

森村は一番言いたい事を口にした。

「何もかも包括した世界一のオートバイを出し続ける、これが我が社研究所のモットーでして、大変参考になりました。」

「崇高なご配慮恐縮致します。有難うございました」

森村は立ち上がって深々と頭を下げた。ごく自然に頭が下がった。所長も森村が立ち上がったので同じように席を立って頭を下げた。抵抗入りプラグ拡販の劇的一瞬だった。自分のプレゼンを呼び止めてまで聞いてくれる相手に遭遇して嬉しかった。

そして森村達がX社で手ごたえを感じてから一週間も経たない間に三重工場の担当者から名古屋営業所に電波雑音測定依頼が飛び込んで来た。二輪車の測定である。

三重工場品質管理部の技術者と立ち合い試験は丹羽が担当した。抵抗入りプラグと抵抗入りキャップの組み合わせを売り込もうとしていたから、鶴舞商会の加藤専務も測定に同行した。鶴舞商会が購入したシンガー製の電界強度計は威力を発揮した。測定用アンテナも広帯域の最新鋭だったから、電波雑音測定のプロフェッショナルと評価された。

二輪車の大手X社の欧州仕様車はボッシュ製シールドキャップ一色だった。ボッシュ仕様なら認定試験を免除される特典があったから当然の成り行きである。森村が行ったプレゼンはボッシュ仕様の長所と短所を明らかにし、ボッシュ仕様以外でも欧州電波雑音規制をクリアできる手法の提案であったから、X社に幅広く浸透した。

大手何処か一社を攻略すれば抵抗入りプラグと抵抗入りキャップの組み合わせが雪崩のように広まると思われた。是が非でもX社に抵抗入りプラグ納入を果し、電波雑音対策は抵抗入りプラグがメインであると自動車メーカーに認識させたかった。

第十一章

イギリスの認定試験場

X社の二輪車が抵抗入りプラグと抵抗入りキャップの組み合わせで電波雑音対策実施を決めてから、ヨーロッパ輸出車は全機種同じ仕様になった。どこでどう情報が流れたのかT社もS社もK社もこぞって引き合いがきた。ヨーロッパ輸出車の電波雑音測定依頼も同時である。森村グループは超多忙になった。

抵抗入りプラグの拡販には二輪車も大事であるが、なんといっても自動車である。自動車の電波雑音対策に抵抗入りプラグが採用されれば数量は数倍になる。自動車メーカーへのプレゼンテーションを森村は何回も行った。郵政省主催の電波障害防止委員会でも自動車から発生する電波雑音防止対策が議論され、抵抗入りプラグは有効な防止器との見解が出されていた。

「森村課長さんはいませんか、森村さーん」

名古屋営業所所長の犬飼が技術部に入ってくるなり大声をだした。

「所長、お早うございます」

森村が駆け寄って声をかけた。

「Z社から呼び出しがあって、珍しいことでね、来てほしいと、それで相談、顔を出した」

犬飼は森村より六年も先輩で部長代理の出世頭だった。名古屋営業所に呼び出しても失礼にならない職位であるが、腰が低い典型的な営業マンだった。

「第二電子技術部ですか」

「そう、主任さんで、君もよく知っている近藤さん」

「何回も面談しています。真面目な方」

「もうずいぶん前になるが、モノリシック抵抗入りプラグのプレゼントとサンプル置いてきたこと有りましたよね、追加もあったと思うけど、改めてもう一度相談したいからご足労願えないかと本人から直接電話があった」

「大歓迎です。犬飼所長、今から行きましょうか」

「多分そう言ってくれると読んで、明日朝一番でお邪魔しますとアポを取った。万難を排して行ってくれるよな」

「ＯＫ、ＯＫ、所長やりましたね、いい話が聞けますよ」

「朝七時半に迎えに来るが、いいかな、早いけど。Ｚ社担当の一之瀬君に案内させる」

「毎朝七時には出社していますから、問題ありません」

次の朝予定通りＺ社の技術センターで打ち合わせが始まった。

「朝早くから申し訳ありません。実はイギリスで電波雑音の認定試験を受けることになりまして、色々お力添えをお願いしたいと思いまして御出で頂きました」

一流の技術者になるとどこの会社も礼儀正しい。

「まず、最初に伺いたいのは、防止効果をもう少し向上させた抵抗入りプラグの可能性についてですが、如何ですか」

近藤主任の丁重な言葉づかいから始まった。

「イギリスの認定試験、日程は決まっていますか」

森村が質問した。

「約三か月後に受験したいと考えています」

「もう少し防止効果をと言われましたが、目標数値は如何程ですか」

「三デービーは欲しいですが」

「三デービーですか、実装すると車種間差が現れますが、弊社も懸命に努力していまして、我々は五デービーを目標にしております」

「すごいですね、五デービーとは」

「これまでに納めさせて頂いた物との単品比較ですが」

「プラグの品質は大丈夫ですか」

「本業ですので品質確認は十分行います」

「数値目標を具体的数値で言われましたが、立派ですね」

「目標数値をいつまでに達成するか、納期がない開発は研究だと自分に言い聞かせておりまして」

「改良品ですが、三か月後量産できますか」

「頑張らせて頂きます」

「もう一社はいかがですか」

犬飼所長が口をはさんだ、森村も聞きたい質問だった。

「愛知電装さんですね、彼らも頑張っておられます」

「防止効果の比較もされましたか」

名古屋営業所のZ社担当、一之瀬が質問した。森村が聞きたい急所である。いい質問をしてくれたと一之瀬の顔を見た。

「弊社のシールドルームで測定した結果では互角でしょうか」

近藤があっさりと言った。

「シャーシーダイナモで実走行状態でも測定が出来ると伺っておりますが」

森村が羨ましそうに言った。

「高速一〇〇キロの実走状態でも測定できますが、森村さんもご存知のようにCISPR規格ではアイドリング回転数ですし、車輪も回しませんから」

「自動車のシールドルームとなれば巨額な設備投資、大手さんしか手が出せません」

名古屋営業所長がどうでもいいことを言った。

「それで、森村さん、イギリスでの認定試験ですが、今頂いている抵抗入りプラグのレベルで行けると思いますが、なにしろ一発勝負ですので少しでも防止効果の高いプラグ持って行きたいと願っています」

近藤が打ち合わせの趣旨を明言した。

「分かりました。少なくとも三デービー以上防止効果を向上させます」

「五デービー、じゃあなかったの」

所長が言った。

「目標は五デービー、近藤さんが三デービーはと言って頂けましたので、三デービー以上、限りなく五デービーに近づけるよう努力してみます」

「今の物より少しでも防止効果が高ければ安心できますから、頑張って頂けますか」

「二か月後に改良品をお届けします」

森村は二か月と啖呵を切った。十分な確認期間を考えればこれでも短い。ライバル社より少しでも防止効果の高い抵抗入りプラグを開発してZ社に一番乗りを果たしたかった。


森村達がZ社の技術センターで第二電子技術部の近藤主任と打ち合わせてから忽ち三か月が過ぎた。ライバル社より少しでも防止効果の高い抵抗入りプラグを開発し、先陣をきる競争は激化した。グラスシール製法を採用していない東洋窯業株式会社は最初から大きなハンディを背負い込んでいた。グラスシール製法を一から学ぶ必要があった。二十年以上前からグラスシール製法を研究し、三十近い研究報告書もあったがどれも的を得ず最初からやり直しだった。

しかし森村にとって幸運だったのは酒井との出会いであった。もしあの時森村陣営に酒井を招き入れる事ができなかったらライバル社を凌駕するモノリシック抵抗入りプラグが完成したのだろうか、彼はまさに神の手を持ったスーパーマンだった。昨今、日に三十もの異なった配合のサンプル製作し、それらの全てを評価しデーターに収録した。その膨大なデーターから問題点を明らかにしていくプロセスを歩んだ。たった一年の間にグラスシール技術を習得し、防止効果の高いモノリシック抵抗入りプラグが完成した。まさに集中力である。

酒井が開発に成功したモノリシック抵抗入りプラグを森村達の技術陣営はエンジンメーカーに持ち込んだ。営業活動にも力を注いだ。技術の塊のような抵抗入りプラグは自分達が売り子になるんだと森村は発破をかけた。だが社内が皆同じ方向を向くとは限らない。

直接お客さんと接している技術陣と違って、生産技術や製造部は間接的である。お客さんの要望に答えることが営業活動であり、製品の販売につながる行動である。製品の納入となればどんな無理難題でも引き受ける。

「森村君、無茶言っては困る。三か月、とても無理だ」

生産技術との打ち合わせではいつもこうだ。それでも最近では出来ませんと言わなくなった。森村が何度も新しい製法を考案するのが生産技術の使命、それぞれの立場をわきまえましょうと連呼した事も効いたようだ。

「残業してまで数量の増産は出来ません」

製造部の原料課長はいつもこうだ。

「お客さんの要望をここで聞かなければ、お客さんは逃げますよ」

森村の発言である。どんな無理でも聞かなければお客さんは買ってくれません。森村は生産技術部にも製造部にも日々日参して頭を下げた。抵抗入りプラグの拡販につながる行動なら労を惜しまなかった。

お客さんと社内を駆けずり回った。

「明日の認定試験、どちらのプラグを使って受けるか」

Z社の第二電子技術部近藤主任は迷っていた。近藤にとって、イギリスでの自動車から発生する電波雑音の認定試験を受けるのは初めてである。不合格にはなりたくない。社内のシールドルームで何度も確認してきたからどちらのプラグを使っても許容値を満足した。どちらのプラグとは自社系列の愛知電装製と森村達のプラグである。両方とも大丈夫な結果だったから迷ってしまう。一発勝負と聞いていたから、万が一にも落ちない方を選びたい。

「認定試験、自分も経験ないので是非とも同席させて頂けませんか」

森村は何度も近藤に申し入れしていた。

「我が社の社員という事で出かけて頂けますか」

近藤は森村の同席を承諾した。森村がそばに居れば不測の事態にも対応できると思ったようだ。森村と近藤は電波障害防止委員会のメンバーで、委員会場で隣席になったことも度々あった。委員会が取り持ってくれた縁だと感謝した。後日愛知電装の技術者も同行していたと近藤が教えてくれた。やはりZ社の社員として、だった。森村はライバル社の担当者もイギリスの認定試験場に来ていたと聞かされ驚愕した。

東洋窯業株式会社はイギリスにも販売会社がある。イギリス現地法人ミスターガウス、法人の社長である。ガウスは現地のイギリス人だった。現地の人なら電波雑音の認定試験場など知っていると森村は喜んだ。日本人の駐在員も勤務していたから認定試験場の所在地は直ぐに分かった。事前調査が大事だと、立ち合い前日下見に行くことをイギリス人の社長に依頼していた。

Z社認定試験の前日イギリスの認定試験場では二輪車の認定試験が行われていた。関係者でもないのに社長が掛け合ってくれて試験状況を見る事が出来た。森村にとって初めての経験である。目の前で認定官が電波雑音測定器を操作して認定試験を行っている。どこの電界強度計を使っているかもはっきりした。

測定場所は山間僻地でなく大きな建物がある大学の校内のように見えた。日本式に言えば運輸省の構内だと社長が説明した。案外ラフな環境で行っていると少し気が楽になった。明日のZ社も同じところで同じようなレイアウトで行うと認定官は親切に説明してくれた。事前に出かけてよかったと森村は社長に礼を言った。

次の日の午後予定通りZ車の認定試験が始まった。この日Z社は三機種の受験である。事前に認定試験の状況を見ておいたから要領は分かっていた。お客さんの受験に無理矢理割り込んだと自覚していたから、近藤主任の指示がない限り行動しないと自分に言い聞かせていた。近藤主任がどちらの抵抗入りプラグを採用したか、気がかりでしょうがなかったが何も聞かずに静観に努めた。

三機種の認定試験は淡々と進められた。認定官が電界強度計を操作し、データーを収録した。どんなデーターが得られたか森村も気になったが認定官は近藤にも見せなかった。データーを整理して後日結果を報告すると言って器材の撤収を行いあっさり終わってしまった。さぞかし劇的なドラマが展開されるかと胸躍らせていたが呆気ない終演であった。

「近藤さん、有難うございました。大変勉強になりました」

森村は何度も頭を下げた。近藤はまだ緊張しているのか何も言わなかった。

次の日森村はイギリスの名門ジャガー社で抵抗入りプラグのプレゼンテーションを行った。イギリス人社長がすべて段取りしてくれた。ジャガー社は英国製チャンピオン社の点火プラグを使用していた。抵抗入りでなくノーマルプラグと思われた。抵抗入りプラグと抵抗入りプラグコードの組み合わせがベストであるとプレゼンを締めくくった。

ロールスロイス社にも出かけた。イギリス人社長の配慮で日本でも有名な高級車のメーカーである。すべて手造りであるから台数は僅かであるが、もし採用されれば宣伝効果は抜群だと森村は張り切った。ジャガー社と同じ内容のプレゼンテーションを行った。ロールスロイス社も英国製チャンピオン社の点火プラグを採用していた。慣れない英語で必死になってプレゼンしたが反応は今一だった。この二社とも困っていないようで、日本から技術者が来たから聞いてやろうと、そんな軽い感じだった。

イギリスにはまだ多くの自動車メーカーがあるが、ドイツの自動車メーカーを訪問したいとドイツに飛んだ。ドイツにも販売会社があった。ドイツの販売会社には森村より二年後輩技術部出身の篠田がいた。三年前に出向した技術者である。東洋窯業株式会社は早くから海外で点火プラグのビジネスを展開していた。点火プラグは高度な技術部品であったから、世界各所の販売法人に技術者が駐在し、技術的な補佐に専念していた。篠田もその一人である。国立大学の工学部機械工学科卒業で英語に堪能だった。

「ドイツ車の抵抗入りプラグ採用車はどれぐらいありますか」

デュセルドルフの現地法人事務所を訪れた森村が篠田と面談した第一声である。

「森村さん、相変わらずですね、元気にやっているかとか、困った事がないかとか、少しは出向者を労わって下さいよ」

篠田は喜んで出向したわけではない。技術部長の命令でいやいや駐在員となった恨みがあった。意気揚々と我が道を行く森村を疎ましく思っていた。自分も本社勤務で責任ある職務に就きたいと願っていた。それがなんだ、ドイツのこんな寒い所に飛ばされて、年賀状も年末恒例の紅白歌合戦も見られない、不満が山ほどあった。

「すまん、申し訳ない、抵抗入りプラグのことしか考えられず」

「一途な森村さんだから、愚痴を言っても始まらないですね」

篠田が笑顔になった。同じ会社でも思いは様々である。

「ドイツ車で抵抗入りプラグを採用している車種はありませんね」

篠田が森村の質問に答えた。諦めの表情が滲んだ。

「僕が調べたところでは電波雑音の規制がある。昨日まで居たイギリス、フランス、スイス、ベルギー、自動車発祥の地ドイツも以前から規制があるから無防備であるわけがない」

「勿論防止対策はされています。真面目なドイツ人ですから、やることはちゃんとしています。森村さんの好きな抵抗入りプラグは使っていませんけれど」

「X社のフランス向け仕様は抵抗入りプラグコードでしたから、抵抗入りプラグコードが主流ですね」

「違いますね、ドイツは抵抗入りローター、抵抗入りキャップです」

「抵抗入りローターって配電器の中にあるローター」

「そうです。ドイツではどこもボッシュ社仕様、電波雑音はこの組み合わせで十分との認識です」

抵抗入りローターが主流とは以外だった。ここでも火花放電があるから森村達も自分達で試作したローターで試験は済ませていた。

「特にドイツは抵抗入りキャップを主要防止器と考えているようで、抵抗入りプラグを採用すると全体の抵抗値が大きくなりすぎて点火性能が低下する、ボッシュの入れ知恵ですが、キャップで十分、もし許容値をオーバーするようなら、キャップをシールドにすればよいと、多分これもボッシュの入れ知恵です」

篠田がことさら抵抗入りプラグを否定する発言をした。

「森村さんの熱い思いに水を差すようですがヨーロッパでは抵抗入りプラグのマーケットはありません」

篠田はやはり森村に嫌悪感を抱いているようだ。本社勤務でぬくぬくとやりたい放題の森村に嫉妬しているようにも感じられた。

「篠田君、ドイツの情報いろいろ有難う」

森村は篠田に頭を下げた。こんな気持ちの彼にも協力してもらわないと先に進めない。今回ヨーロッパ出張でドイツの自動車メーカー訪問は重要な情報収集であり、電波雑音認定試験場見学も数々の疑問を解消する重要案件だった。

「フォルクスワーゲン社は明日、アウディ社は二日目、ＶＤＥは三日目それぞれ予約しております。私がご案内します」

「有難う、宜しくお願いします」

森村は申し訳ない気持ちを込めて頭を下げた。


次の日予定通りフォルクスワーゲン社を訪問した。立派な技術センターの会議室でエンジン設計技術者二人と面談、用意していた抵抗入りプラグの報告書とカットサンプルを見せながらプレゼンテーションを行った。やはり関心がないのか二人の技術者は無表情だった。どこの技術者も多忙だから問題なければ手を付けないのが当たり前なのだ。

森村は質問状を用意していたので、そのペーパーを差し出して質問を行った。質問の内容はどんな防止器を使っているか、認定試験をどこで受験しているか、現用防止器に満足しているかなどである。

「森村さん、彼らはエンジン設計の技術者ですから、電波雑音のことなど知らないと思いますよ」

篠田が日本語で囁いたが、森村は意に介さず片言英語で質問状を続けて読み上げた。知らなければ知らないという回答がほしかった。自動車発祥の地ドイツの名車担当技術者と電波雑音の議論ができるだけで満足した。篠田が言った通り電波雑音には関与していないか満足な回答は得られなかった。

次の日、アウディ社でも同じ内容のプレゼンテーションを行った。モノリシック抵抗入りプラグのカットサンプルも見せた。彼らは技術者である、カットサンプルに興味を示した。彼らも電波雑音には関与していないと思われたが、質問状も差し出して同じように質問した。

「無駄骨ですよ」

篠田が呆れてそっぽを向いた。森村は気にもせず自分の意向を全うした。ここでもアウデイ技術者は電波雑音について困っている様子を見せなかった。それでも森村が見せたカットサンプルを見て。プラグ自体に抵抗体を挿入するアイデアを称賛した。素晴らしいと何回も言ってくれた。篠田は苦笑いを浮かべたが、少しは効果があったかと森村は喜んだ。モノリシック抵抗入りプラグの宣伝になったと思った。

次は待望のドイツ認定試験場見学である。最も技術的に進んでいると聞いていたから隈なく見ておこうと目論んでいた。それには訳があった。自前の電波雑音測定場の構築である。もう何年も前から温めている案件である。野外試験場の構築、自分達の電波雑音測定場を持ちたかった。ＣＩＳＰＲリコメンデーションナンバー一八の一には野外の測定を推奨している。

静岡県の朝霧高原、瀬戸の山の上のキャンプ場、夏のスキー場、木曽川上流の川原、あちこち機材を持ち込んでの野外測定、修善寺温泉の自転車試験走路にも出かけた。とてもお客さんを呼んで合同測定などやれそうにない。お客を呼べる試験場は森村の悲願だった。世界一の電波雑音防止器メーカーになるには技術的に最も進んだドイツの認定試験場と同じ規模の試験場を持つ、ゴールへ向かう必要最小限の要件だと思っていた。

現状はとにかく会社から遠くまで出かけなければならない。出かけた先で誰かが作業していたら邪魔になって、せっかく出かけたのにそこでは測定できない。ある時会社から二〇〇キロも離れた牧場で設営を始めて、アンテナケーブル積み忘れに気づき、たった一本のケーブル忘れで一日を棒に振ることもあった。大手自動車メーカーは億単位のシールドルームを持っているが、東洋窯業規模の会社が持てるはずもない。矢田部の自動車研究所にもあるが、遠いのと使用料が高額でとても使えない。

ドイツの電波雑音認定試験場と同じものを造ればこれまでの悩みが全て解消できる。ヨーロッパ輸出を願う中小エンジンメーカーの技術者に問答無用の説得力が得られると森村は考えていた。ドイツのＶＤＥと同じ条件の試験場である。ここで得たデーターは天下一品の価値がある。

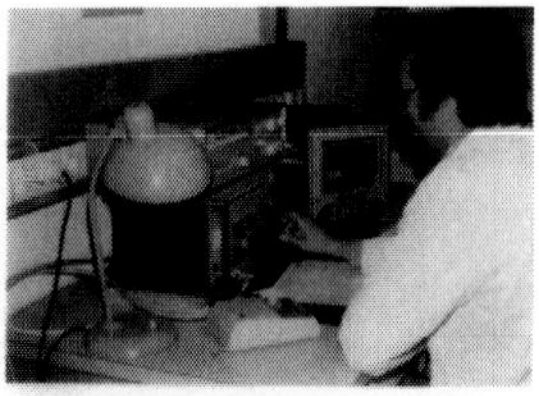

今日、まさに好機到来、森村は熱くなった。ドイツのＶＤＥ野外特設テスト場が目に入った。ハウデーイイと発音すると篠田が言った。ドイツ語読みである。森村は早々カメラを取り出しあちこち写して歩いた。

ＶＤＥはここの試験機関の名称、たぶん頭文字を示したものだろう。篠田に聞けば解説してくれると思ったが、世界一の認定試験場の名前だと森村は勝手に理解していた。ＶＤＥにどんな意味があろうと、長年描いてきた構想に一歩近づいたとその感激が大きかった。眼前にＶＥＤの建屋が聳え立つ。

技官らしき技術者に測定器を操作してもらいそれも写真にした。

測定車を置く走路に車とアンテナを測定法に従って配置、計測は地下室で行っていた。白い丸い明り取りの下が測定室である。電界強度計はドイツ製シュバルツベック、一〇〇〇メガヘルツまで測定可能、電波雑音の音量も聞き取れるスピーカー内臓型である。

測定場の走路はコンクリートであるが、その下三〇センチに鉄線のメッシュを一面に張り、反射係数を一にしていると説明があった。周りは開けた平坦な所で、建物から一〇〇メートル以上離れていた。日本で言う郵政省の一廓にあるような佇まいであった。ドイツではこんな所で、こんな手順で、こんな風に認定試験をやって、現実を目のあたりにして非常に大きな収穫があったと篠田に感謝した。

ドイツ訪問でもう一つ仕事が残っていた。ＶＤＥ認定試験場で使われている電界強度計と同じ計測器の購入である。

「森村さん、今日は観光旅行、ハイデルベルク城へご案内します」

珍しく篠田が笑顔で言った。昨夜宿泊したフランクフルトのホテルでドイツにも観光名所が幾つかあると話していた。フランクフルトの街はアメリカほどではないがクリスマスの飾りが各所で輝いていた。

「ここから見るハイデルベルク城が一番だとガイドブックに書いてありましたが素晴らしい景色ですね」

森村達はフランクフルトの中央駅から列車でハイデルベルク中央駅に着き、マルクト広場からネッカー川にかかる石造りのカール・テオドール橋を渡って急な坂道を上がって来た。

「本当だ、心に染みる光景だね、素晴らしい」

「ハイデルベルク城には行ったが、ここから見るあの古い石の橋と街並みそれに城、まさに絶品だ」

篠田もここへは初めて来たようだ。

「あの橋、何という名前でしたか、周りの景色に溶け込んで実に見事な造形だ」

「カール・テオドール橋、一八世紀に選帝候カール・テオドールが建造したそうです。アルテ・ブリュッケ、古い橋の愛称で地元民にも親しまれているそうです」

「そうですか、一八世紀ですか、そんな昔に、人間の力はたしたもんですね」

「縁あってドイツに派遣されたのでこういう良い所を見て人間性を豊かにします」

篠田は真面目な顔になって言った。サラリーマン技術者にも生き方は様々だと森村は自然の中に溶け込んだ造形の素晴らしさに感動していた。藤田が旅行案内書も見ずにすらすらとこの素晴らしい景観を説明した事にも感じ入った森村だった。

ハイデルベルクから車で一時間も川沿いの道を登ってシュバルツベックの工場に到着した。キャンプ場のような山の中である。受付が有りそうな事務所の建物に入って篠田が声をかけた。事務所に人影がない。篠田がもう一度声をかけた。

「ヤー、ヤー」

奥から声がして背広姿の紳士が現れた。篠田が名刺を差し出して要件を告げた。紳士が実験室のような部屋に案内し、会議用のテーブル席に手招きした。

「こんな遠方まで御出でいただいて有難うございます」

流暢な英語で謝意を示した。取り交わした名刺を見ると社長だった。英語で書かれた名刺であったから森村にも理解できた。

「電界強度計を買いに来ました」

篠田が短く言った。

「ＶＵＭＥ一五二〇でしたね」

「ＶＤＥが使っている同じものが欲しい」

篠田が答えた。

「ＶＤＥはＶＳＭＥ一五一〇を使っていると思いますが」

「そうそう、ＶＤＥで確認したのはＶＳＭＥ一五一〇だった」

篠田はＶＤＥ認定試験場で係官がデモしてくれた機種名を覚えていた。

「欲しいのはＶＵＭＥ一五二〇です」

森村が横から口を入れた。

「森村さん、試験場では一五一〇、ほらノートにメモした」

篠田がメモを見せて日本語で言った。

「同じ機種でも測定周波数範囲が異なる、三〇〇メガまでと一〇〇〇メガまでの二種類があるはずだ。確かめてくれ」

森村が子声で篠田に耳打ちした。

「ＶＵＭＥ一五二〇は二五から一〇〇〇メガまで測定可能、ＶＳＭＥ　一五一〇は三〇から三〇〇メガだそうです」

「一〇〇〇メガまで計測可能なＶＵＭＥだ」

篠田が答えたので社長が席を立った。

「現物を持ってくると言って取りに行きました」

社長と名乗った紳士が両手で持ち、計測器を森村の前に置いた。ＶＵＭＥ一五二〇とプレイトが張ってあった。社長は流暢な英語で計器の使い方と特徴を話し始めた。最初少し聞き取れたがさっぱり分からない。

「篠田くん、分かりましたか」

「専門用語ばかりで意味不明」

篠田がそう言ったので社長は最初から説明を始めた。

「宜しいですか」

社長が不安げに言った。

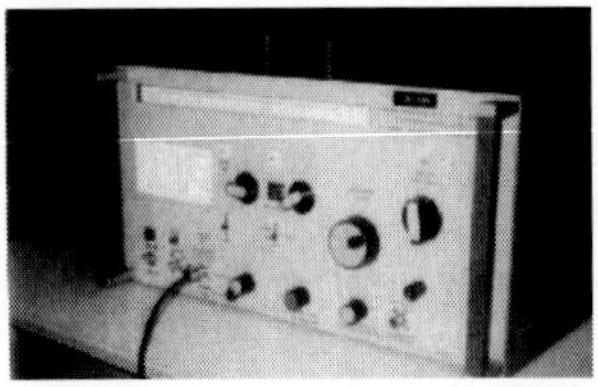

「森村さんどうでした」

「さっぱり、ちんぷんかんぷん、意味不明」

篠田が社長に分からないと言ったようで、社長は席を立った。いらだちが感じられた。水でも飲んできたのかもう一度始めようとした。篠田が手を開いて上げた。

「もういいでしょう、何度聞いても同じだ、森村さん」

「英語の取説があるか聞いてくれ」

「ドイツ語と英語が併記されていると、言ってますよ」

「それなら安心、納期と価格を聞いてくれ」

遠い日本からこんな山奥まで買いに来たそのことに感激したのだろう好感が持てる熱意が感じられた。言葉が通じなくともドイツ人の誠実さが伝わって来た。


一年は瞬く間に過ぎて新しい年を迎えた。電波雑音に関わり始めて瞬き間に一〇年が過ぎ、昨年暮れのヨーロッパ訪問は非常に多くの収穫をもたらした。認定試験場の詳細な情報と自らの体験は電波雑音全般にわたって自信となった。モノリシック抵抗入りプラグを世界中に広める基礎が固まったと思った。夢の実現に一歩も二歩も近づいたと実感した。

「森村君、すぐ社長室に行ってくれ」

技術部長後藤が言いに来た。社長から呼び出しなど初めてである。動揺しない森村も緊張した。

「失礼します。森村参りました」

社長室に入り一礼して社長のデスクに歩みまた頭を下げた。

「Z社の海外販売部長から面談の要請があった。同行願えるかね」

「はい、勿論、同行させて頂きます」

「明日、九時名古屋営業所長も同行する、」

「はい、明日九時玄関でお待ち致します」

「用件はそれだけだ」

森村は一礼して社長室を後にした。海外販売部長からの要請と聞いてピーンときた。イギリス認定試験に関わりがあると思った。森村は既に、第二電子技術部の近藤主任からイギリスでの認定試験結果を詳しく聞いていた。

「迷ったが森村さん、お宅のプラグで受験した」

電波雑音防止委員会で何度も同席、電波雑音に詳しい森村が薦める抵抗入りプラグなら間違いないと信頼された結果の判断だった。森村は嬉しかった。努力した甲斐があったと心より礼を言った。Z社のヨーロッパ向け輸出車にモノリシック抵抗入りプラグ採用が決まった劇的な瞬間だった。努力すれば必ず報われる、森村は実感した。

「社長さん、困った事態になりましたよ」

取締役海外営業部長佐野坂が渋い顔をして言った、Z社の立派な会議室に五人が対座した。欧州担当課長も同席していた。営業部長の渋い表情とは裏腹に高岡社長は満面笑顔いっぱいだった。

「ご承知かと思いますが、弊社イギリス向け純正部品、おたくから購入を決めました」

「有難うございます。長年の願いが叶って光栄です」

高岡社長が間髪入れずお礼を述べた。

「佐野坂部長、イギリス向けだけでなく全ヨーロッパ向けです」

「欧州担当課長が修正した。

「そうだった、欧州全域だったな、大変な事態だ」

「恐れ入ります」

「高岡社長さん、おたくからこれまで何度も申し入れがありましたが、補修用部品は系列から調達する、これが我が社の方針でしてね、これまでご遠慮願っていたんですよ」

「よく承知しております」

「今回は特例中の特例ですよ」

「長年の願いが叶って感謝申し上げます。海外ビジネス拡大を目指しておりますので、大変有難く、改めて心から御礼申し上げます」

高岡社長が恐縮して頭を下げたので犬飼と森村も頭を下げた。

「森村さん、君が森村さんかね」

「はい、森村でございます。今回は有難うございます」

「高岡社長、いい社員も持って幸せですなあ」

「有難うございます」

高岡社長が再び頭を下げた。

「おたくの特許が邪魔して商品化が遅れたそうですが、重要部品ですから一社独占は、いろいろ問題を残します。如何ですか」

「ご高説ごもっとも、善処致します」

「二社購買が基本ですので、いろいろあるでしょうが」

佐野坂部長は最後まで言わなかった。含みを持たせた言い方だった。これで東洋窯業懸案の一件は解消した。森村が放った逆転優勝満塁ホームランである。高岡社長が森村を同席させたのは森村に勲章を見せるためだった。

自動車には幾つか消耗部品が装着されている。点火プラグ、バッテリー、ファンベルト等である。これらの消耗部品は補修部品市場で売買されている。自動車メーカー直納をＯＥＭといい、補修市場を純正部品などと呼び、二重価格が一般的である。言うまでもなくメーカー直納ＯＥＭ価格は廉価で、製造原価割れがほとんどである。これに対して補修市場は収益を見込んだ価格であるから、部品屋にとって補修市場は極めて重要である。

Ｚ社の補修市場純正部品は系列の愛知電装が全て担っていて、ＯＥＭ納入をしている東洋窯業には一切無く、万年赤字ビジネスであった。新車に装着されている同じブランドを求めるユーザーが多く、この時点で収益につながる売上となる。したがって新車組み付けで赤字でも、部品屋はＯＥＭが命の元になる。Ｚ社の純正部品となれば間違いない収益につながるから、高岡社長が満面の笑顔を浮かべても不思議でない。

第十二章

電波雑音試験場の建設

名古屋駅から東北東へ直線距離で約四〇キロの所に小原村がある。渋滞がなければ会社から一時間のドライブで行ける。辺りは農村風景が広がり、秋には稲穂が黄金色に染まる里山の佇まいである。刈り取った後の田んぼは平らで開けているから電波雑音測定場として利用できる。田んぼの所有者の承諾を頂いて度々利用するようになった。

周囲を小高い山に囲まれているから放送波の侵入も少なく、車もほとんど通らないから測定場として十分活用できた。それでも毎回地主の許可を取っていたから、恒久的かつ自前の測定場構築が望まれた。里山も過疎化が進んでいるのかあちこちに休耕地が目立った。

いつも借用していた田んぼから一キロほど奥に葦や雑木が茂ったかなり広い平坦な土地があり、周囲をやはり小高い山で囲まれていた。一〇〇〇坪ほどの広さがあり、休耕地の前は豊かな農耕地だったと思われた。測定場を造るには十分な広さである。

「森村さん、ここが良さそうです」

測定場所を探しに来ていた丹羽が言った。

「そうだな、ここなら道も行き止まりだし、車も来ないから良さそうだ」

一緒に来た森村が言った。

「雑草を刈り取ってグランドノイズを確かめましょう」

「総務の木下君に借地交渉を頼んでみるが、ここなら快く借りられそうだ。それにグランドノイズ測定も必要ないな」

「ドイツのVDE認定試験場と同じもの構築ですか」

「CISPRパブリケーション一八の一を満足する測定場を造るんだ。VDE認定試験場のスペックは入手済みだから、あれと同じスペックにすればグランドノイズの測定は不要だ」

「VDEは地下の測定室でしたが、ここなら十分な広さがありますから、地上に測定室も建てらえますね」

「そうだな、少し広めの測定室にして、お客さんと測定結果の打ち合わせも出来れば、防止器の拡販になる。いいね」

森村達の長年の願いが適いそうで夢が膨らんだ。

「あの山の中腹に民家が見えますが、誰も住んでいないようですよ」

丹羽が見上げて指をさした。

「益々いいね、宿泊所としても使えそうだ」

「会社から一時間で、来ましたが、近くにこんな里山があるなんて、これまで何回も来ていますが気が付きませんでした」

丹羽が辺りを見渡して言った。森村も同感だった。

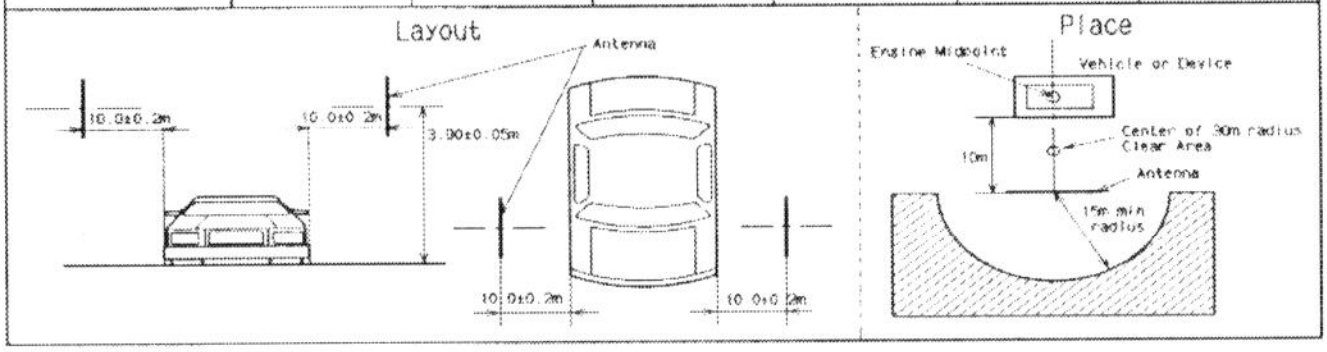

自動車から発生する電波雑音測定法は二つある。ＳＡＥスタンダードとＣＩＳＰＲスタンダードである。両者はほとんど同じである。測定条件としてエンジンの回転数とか、アンテナの位置や高さなどの測定レイアウト、それに測定場の広さなども明記されている。

例えば、アンテナ位置から一五メートル円内に障害物が無い広さを明記している。ＳＡＥはアメリカとカナダに適応、ＣＩＳＰＲは欧州と南アフリカで、これらの国では電波雑音の許容値を満足する自動車が認可され、使用が認められている。日本の車検制度と類似である。

Item / Standard	Method of Measurement			Band Width	Nations In Effect	Frequency Range
SAE		One Cylinder	More Than One Cylinder	1kHz	USA CANADA	30~1000MHz
	Peak	1500rpm	1500rpm			
	Quasi-peak	2500rpm	1500rpm			
CISPR		One Cylinder	More Than One Cylinder	120kHz	EC SOUTH AFRICA	30~1000MHz
	Peak	Above Idling	Above Idling			
	Quasi-peak	2500rpm	1500rpm			

Layout
Antenna
10.0±0.2m
3.00±0.05m

Place
Engine Midpoint
Vehicle or Device
Center of 30m radius Clear Area
Antenna
10m
15m min radius

規制国へ輸出する自動車は当然この許容値を満足していなければならない。規制がない日本では自由に販売できるが、欧州などへ輸出する車は認定試験ＯＫのパスが必要になる。

大手の自動車メーカーはシールドルームなど大型の設備を有し、専門の技術者も配備されているから計測も問題ないが、中小企業では電波雑音防止に関わるエンジニアも少なく専門の測定場も有しないから、森村達のような専門チームに測定依頼が舞い込んでくる。

「船外機のテストに出かけます。修善寺のサイクルスポーツセンターです」

「丹羽君、昨日も出かけていたね」

「昨日までX社の耕耘機の測定、浜松から近い治部坂峠でした。電気が無いのでお客さんが発電機を回しました」

「今日は大丈夫だが、計器の予備が無いから、搬送で傷めないよう慎重に運んでくれよ」

「そう言われても山間僻地が多いですから、でこぼこ道を走りますから」

こんな会話が繰り返されてきたのである。


森村が予想した通り試験場となる農地の借用は何の問題も無く進展した。三〇〇坪が一反でここから収穫できる米は約七俵、一俵は六〇キロである。六〇〇坪借用するとして約二反であるから、収穫量は一四俵となる。借地料は収穫量の半分、七俵を金額に換算して一年間に支払うと提案した。

雑草が生い茂る遊休地である。森村が試算した借地料で地主は快諾した。年間一〇万円程の金額で五〇年間借用する契約を取り交わした。契約が完了する以前から丹羽は若手社員を動員して雑草を刈り取る作業を始めた。少しでも早く試験場を開設してお客様を招きたい一心だった。

雑草や小木を刈り取ると広々とした草原になった。ちょっとした牧場だ。手を入れれば生産性が生まれる。広い空間は開放感に満ちて気持ちが良かった。

ここからさきは地元の建設業者に委託したブルドーザーでさらに平坦にした。その上に砂利石を敷き詰め地面を固め、生コンクリートを流し、コンクリート舗装である。

コンクリートが固まる前に金網の装填、ＶＤＥそっくり同じ寸法の鉄の網を張った。ＶＤＥ認定試験場と全く同じ走路の構築である。

金網を張る作業を丹羽は丹念に写真に収めた。こんな光景は生涯二度と見られないと思った。日本に幾つかの雑音防止器製造会社があるがこんな大がかりな野外試験場を造ろうとする会社は無いだろうと思った。

森村が描いた寸分違わない電波雑音試験場建設に丹羽は燃えた。世界に誇れる試験場を構築し、認定試験の代行を担い、多くのお客様を迎えたいと思った。そして電波雑音を如何にして排除するかお客さんと一緒になって考え、一緒になって現物を測定、一緒になって測定結果を議論、設備の整ったこの野外試験場から電波雑音撲滅の狼煙を挙げようと思った。 

試験場構築は順調に進み忽ち立派な走路が出来た。真っ平らにコンクリート舗装が出来上がると一層開けた解放空間が広がった。丹羽は裸足になってその上を歩き回った。足元から伝わってくる大地の鼓動を感じた。

ドクンドクンと足元が響く感覚はどうやら胸の高鳴りだ。浅間レース場が浮かんだ。朝霧高原、修善寺のサイクルスポーツセンターの走路、瀬戸の山のキャンプ場、木曽川の川原、Ｘ社の工場内、近々定番になったこの村の田んぼ、次々と浮かび上がった。そのどこよりも立派な試験場が出来たと目頭が熱くなった。万感の喜びが丹羽を包んだ。コンクリートの走路に青色の塗料を吹き付け中心位置に白いペンキで直線を入れた。試験車を置きアンテナを立て写真を撮った。仕事とはいえ成し遂げた充実感は歓喜をもたらした。

念願の測定室も完成した。測定室から試験場の走路がよく見えた。青色の走路が太陽光に照らされて眩しいほどである。計測器類も整然と配置した。もう搬送の必要はない。いつでもスタンバイＯＫだ。車に積んで運び、作業台に移して配線、電源をどこから取るのかの心配も不要になった。それよりも何よりもお客さんとすぐその場で、しかも会議室のような室内で打ち合わせが出来る利便性である。測定結果の信頼性もより高まる感覚だ。

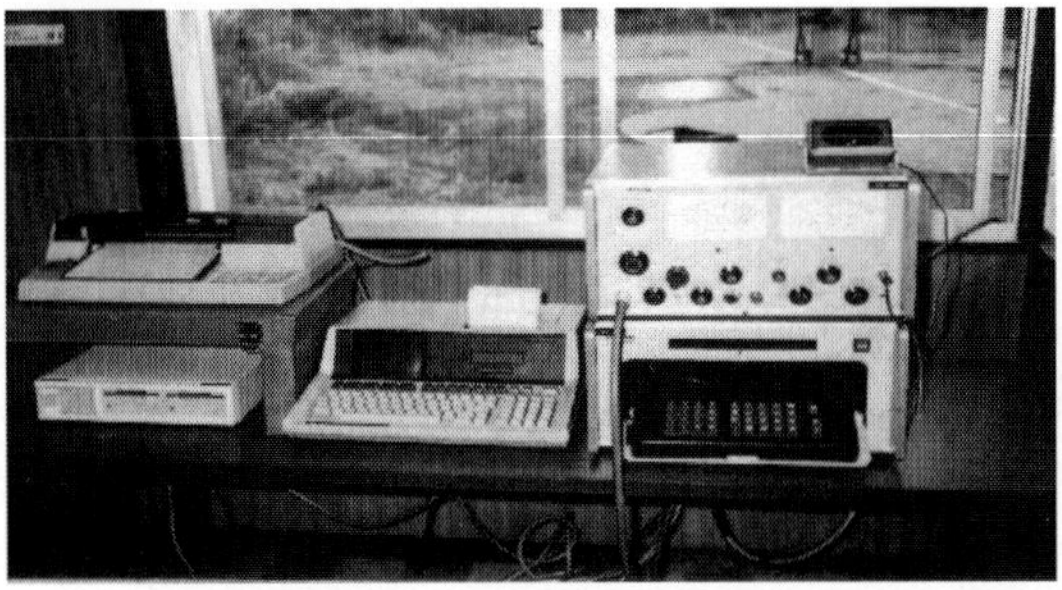

絶景が見えるレストランの食事は美味しい。だから風光明美な所にレストランが多い。美しい自然の中に居ればそれだけで人は幸せになる。料理もコーヒーも美味しく感じられる。そんな電波雑音試験場が完成したと思った。

「世界一の野外試験場構築、丹羽君頼みます」

森村の期待を一心に集めて丹羽が頑張った東洋窯業株式会社の電波雑音試験場は完成した。

完成した試験場がＣＩＳＰＲ規格を満足しているか最後の確認試験が必要である。ＣＩＳＰＲ規格は試験場の広さ、長軸二〇メートル、短軸一七・三メートルの楕円内に支障をきたす反射物体が無い平坦な場所、アンテナの配置、外部雑音の許容値など幾つか明記されている。さらに加えて電波の伝播特性、サイトアテネーションの計量である。丹羽が説明を始めた。

「サイトアテネーションは、測定を行う場所の電波の伝播特性を表す量であります。この量は周囲地物からの反射の影響を含めてその測定場所の良否を定量的に評価する量になります。信号発生器、アンテナ、受信機、それぞれをつなぐケーブルの構成で、信号発生器から電波を放射、この電波を受信アンテナで受信、その出力電圧（V）を受信機で測定します。図の左側が測定のレイアウトです。

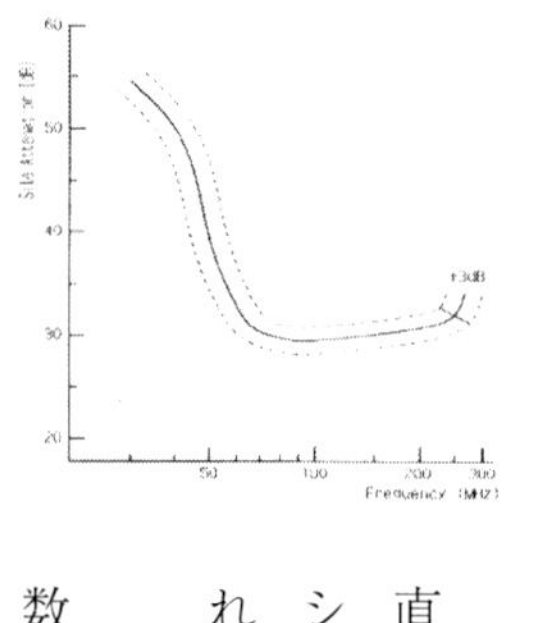

次に信号発生器と受信機をケーブルで結び、信号発生器の出力電圧（v）を直接受信機で測定します。Vとvの比のdB値二十ログV／vがサイトアテネーションを示す量となります。上側に信号発生器と受信機が直接ケーブルで結ばれた図を示しました。

イギリスでは信号発生器の出力八〇デシベル、アンテナはダイポール、周波数は三十から三〇〇メガの間を先ほど説明した方法によって測定し、得られたデーターがイギリスの認定試験場の必要条件として示されている曲線のプラスマイナス三dB以内であれば、その場所の伝播特性は良好と判断されます。

このようなサイトアテネーションを具備するため、イギリスの認定試験場では路面下に金網を敷設しています。イギリスやドイツをまねて我々もコンクリートの下に一四×一四ミリメッシュの金網を埋没させました。グラフ図はここの結果です。イギリスの認定試験場と全く同じ条件になっています」

丹羽が丹念に説明した。いずれも森村がドイツのＶＤＥから得た情報である。自動車から放射される雑音電波が試験場の路面や走路、周囲物体で反射されたり吸収されたりすれば正確な雑音電波の強さを計測できない。ここで測定した結果と、イギリスやドイツの認定試験場で計測された結果に差があってはならない。ここで得た測定結果がＣＩＳＰＲ規制値を満足していれば電波雑音の認定試験で落ちることはない。ここはドイツやイギリスの試験場と全く同じ条件で自動車から発生する電波雑音を測定する事が出来る。防止器の総合メーカーになる、その夢がまた一歩前進した。

第十三章

マルコーニが発明した火花発信器

日本車の輸出が好調になった。資源の乏しい日本の発展は高品質な工業製品を海外に輸出して外貨を稼ぐ以外に道はない。高性能な自動車は格好の輸出商品になった。アメリカへの輸出が一番であるが、ヨーロッパも同じ流れになった。自動車以外に二輪車や船外機、スノーモービル、発電機、汎用エンジンなど点火機関全般に及んだ。

ヨーロッパ各国はこれら点火機関から発生する電波雑音を規制していたから、ヨーロッパ向けは、CISPR規制値を満足する雑音防止策が必要になった。山の斜面を雪が雪崩となって広がるように雑音防止器の需要増が始まった。

森村を指揮官として電波雑音測定など外回りを丹羽が、モノリシック抵抗入りプラグの増産と性能向上を酒井が担当した。抵抗入りプラグ以外の防止器は鶴舞商会の加藤専務が取り仕切った。技術部長の後藤も全面的に森村をサポートしたから、森村軍団は意気揚々電波雑音撲滅の大義名分旗を靡かせ、時の人となった。

自動車から発生する電波雑音の根源は点火プラグの火花放電である。プラグ屋が退治せずに誰がやるんだと森村は張り切った。完璧とは言えないまでも、少しでも防止効果の高い抵抗入りプラグを開発して発生量を抑制し、将来訪れる電波利用の環境を整えておく必要があると思った。

「お早うございます、課長、お久しぶりです」

「丹羽君、どうだね」

小原村に新設したＴＹＫ電波雑音試験場に連日詰めていた丹羽が課長席に来て挨拶した。

「昨日までＴ社の船外機の測定でした。お陰様で皆さんに喜んでお帰りになりました」

「後藤技術部長に感謝だな、社長に何度も掛け合ってくれたお蔭だ」

「熱意は人を動かす魔法の力がある、森村さんの口癖、あれですよ」

「そういえば、一度製造部長の山田さんを招待せんといかんな、山田さんを味方に付けておけばこの先の大量生産も楽になる。モノリシックと聞いて青筋を立てて怒った御仁だから、ご機嫌を取っておかんとな」

「森村さんの気配りで、我々も助かります」

「そういえば、社長が乗っている社用車に自動車電話が付いた。あれは便利だ、きっと普及する」

「我々がアマチュア無線の免許を取って交信を楽しんでいますが、免許なしで話が出来ますから、安くなれば皆が飛びつきますね」

「丹羽君、モールス信号って知っていますか」

「勿論、これでも電気工学科出身ですよ」

「電波でモールス信号を飛ばす最も簡単な方法、絵に描けるかね」

「そういうのは、森村さんに任せます」

「発振器と電鍵とアンテナ、くるくるっとつなぐ回路、こんなふうに」

森村が白紙の上に鉛筆で書いた。

「なるほど簡単ですね」

「電鍵、スイッチ、ここを押すとアンテナから電波が発射する」

「分かりますよ、電鍵を長く押せばツウー、短く押せばトン、短い電波と長い電波が押し出される」

丹羽の発言を森村が絵にした。なるほど一目瞭然、モールス信号が電波となって発射される様子が分かる。

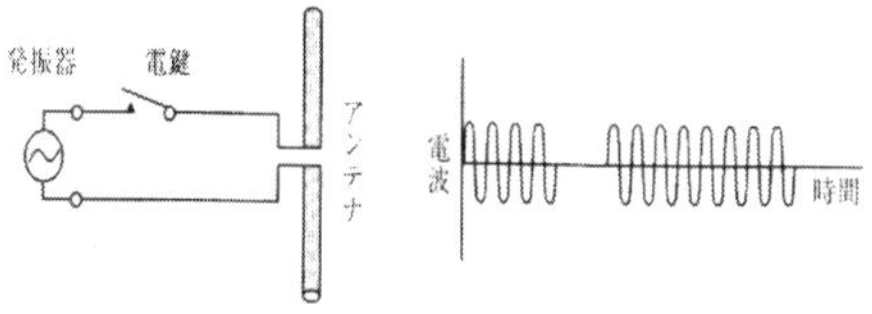

「モールス信号はON、OFFのデジタル信号だから、このデジタル信号を使っていろんなデバイスが考えられる」

「このころの発信器は火花放電でしたから、皮肉ですね。電波の発生量が少ない火花発信器を一生懸命作ろうとしていますから我々は」

「火花発信器をよく知っている我々の出番は当分続くと思う。電波環境をクリーンにしておく大義名分はしばらく健在だよ」

「課長が書かれた絵を見れば、ON・OFFのデジタル電波が簡単に作れますから、この簡易電波を利用しようと新しい産業が誕生しますね」

「そうだ、新しい産業誕生の為にも点火系から発生する雑音電波を駆除しておかなければならない。丹羽君、益々忙しくなるぞ」

戦国時代敵陣の動きを知ることは勝者となる要因の一つであった。企業にとって情報は重要な資材である。昨日の夕方ドイツへ出向している篠田から森村に電話があった。スイスの電波雑音取締りの具体的なやり方を観てきたから興味があれば資料を送るという内容だった。ドイツから情報が送られてくる。

電話は素晴らしい情報伝達機器、一八七六年に発明されている。ビジネスにも無くては成らない道具である。しかし船の上からかけられない。山の上からも広い砂漠からもかけられない。当たりまえの話、電話線が無いからだ。電話線を張り巡らし、中継局を各所に設ける大掛かりなインフラストラクチャーが通話を担っている。大掛かりなインフラストラクチャーを用意したとしても海の上からは無理。沖へ出たボートがエンジン故障で救助を求めても成す術が無い。

有名な話がある。北極海を航行していたイギリスの超豪華客船タイタニック号が氷山に衝突、船底が破損して浸水沈没の危機、氷点下の海に投げ出されたら助かる見込みはない。船が傾き沈没は免れないとなったら助け船を呼ぶしか生きる道はない。寒い北極の大海原である、ＳＯＳのモールス信号を発信、悲しいかな、近くにいた船はモールス信号を受信できず、冷たい海に落ちて凍死していく悲劇、映画にもなった。情報の授受が如何に大切か、もし近くにいた船がＳＯＳの電波を受け取ることが出来たら悲劇を最小限に食い止められたのに、情報を電波に乗せて送り受け取るこのことが如何に大切かを、大惨事を契機に無線通信は飛躍の時を迎える。

電波は不思議な力を持っている。非常時以外にも心を癒すラジオから聞こえてくる音楽、年末恒例になった紅白歌合戦のテレビ放映、電波の恩恵である。毎日何時

間もテレビを楽しみカーラジオを聞きながら通勤する、テレビやラジオは楽しい娯楽機器となった。世界中の皆が楽しんでいる電波と自動車が発する電波、電波発生の原理は同じでも上手に料理すれば素材の味が何百倍にも美味しく食べられる、料理の仕方も学んでおかなければならないと思うようになった。

そんなある日曜日の夕方町内の電気屋を営む親友の親父さんから声をかけられた。

「森村さん、テレビの調子はどう」

「ああ、親父さん、きれいに映っています」

中学時代の親友の親父さんが開いている電気店でテレビを購入した森村は昔馴染みで用もないのに立ち寄っては世間話を聞く間柄になっていた。自分の親父と同じ年恰好であるから父親みたいな感情もあった。

「この頃のテレビは真空管からトランジスタに変わっちゃってね、私ら修理もできんようになったわ」

同級生の父親だからもう七〇才は超えたろうか、猫背が年輪を物語っていた。

「親父さん、ほれ、これトランジスターラジオ、真空管ではこうはいかないよ」

森村がいつも持ち歩いている携帯ラジオを親父さんの前に差し出した。 

「掌に乗る大きさ、ほらこの通り、真空管ラジオでは真似ができない」

森村が携帯ラジオを掌に載せて見せた。

「技術の進歩は新幹線のスピードだね、真空管ラジオなんかこの店にも一台もない、あれなら自信をもって修理でも何でもやれたのに、寂しいね」

「親父さん、トランジスタの方が簡単だよ」

「正雄君、ラジオ放送、いつ頃誰が始めたか知ってるかい」

「ベルが発明した電話が一八七六年、一八八八年にヘルツが電波を発見、ヘルツの実験装置を巧みに細工してマルコーニが無線電信に成功したのは一八九五年だったから、それ以降ですね」

「一九二〇年、ウエスティング社のコンラッド技師だね」

「親父さん、物知り、尊敬します」

「これでも電気科卒、昔勉強したことはよく覚えている」

「恐れ入りました」

「マルコーニが無線電信に成功したのは一八九五年、一九二〇年だったから二五年後だよ、なんでそんなに時間がかかったのか、正雄君なら知ってるね」

「知ってる、知ってる」

森村は何故か大声で言った。今やっている得意な分野の話になったからだ。

「マルコーニは遠くまで電波を飛ばしたかった、自分達は逆で遠くまで飛ばさない電波を研究しています」

「ほう、それが正雄君の仕事か」

「マルコーニ無線機の心臓部は火花発振器でしたから振動電流が流れます。この放電時に流れる振動電流が電波の基、これを抑制する防止器屋です」

「振動電流が電波の基、なるほどね、振動電流を小さくする防止器屋ですか、いろんな仕事があるもんだね」

「オートバイが近づいて来るとカーラジオにバリバリ、ガリガリと雑音、このごろは防止器が装着されているから無くなりましたが」

「あるある、良く知ってる、そうあれを防止する防止器ねえ」

親父さんが感心する仕草をした。

「正雄君、さっきの話だが、ラジオ放送までに二五年もかかった理由」

「親父さん、火花放電は減衰振動電流、ほらこんなふうに振動しながら減衰して、ある時間経つと〇になる。これじゃあ情報を載せられないね」

森村は傍に会った紙に減衰振動電流の波形を書いた。振動しながら減衰していく電流波形である。最も得意な分野だ。

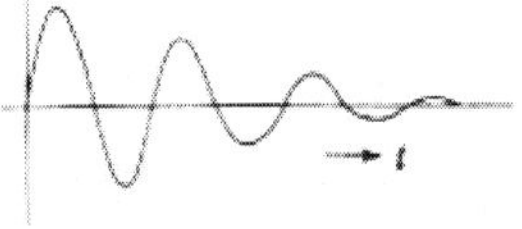

「振動電流から電波が発射されるのは振動電流が多くの高い周波数を含んでいるからで、ええっと、フーリエ、級数に展開すると」

「親父さん、フェーリー級数も知っているの」

「波形をいろいろ分解する、あれだろ」

「火花放電の振動電流波形を分解すると低周波から一〇〇〇メガヘルツ以上、多くの周波成分を含んでいます」

森村が講演調になった。

「さすが、正雄君だ、詳しいね」

「親父さん、どれぐらいの周波数から放射が始まるか」

「まあアンテナの長さにもよるが一〇〇キロヘルツ位かな」

「アンテナの長さに依るって、専門家だね」

「町の電気屋だが、これでも専門学校電気科卒だから、真空管ラジオなら何でも知っている」

親父さんは胸を張った。

「僕はエンジン部品屋だからエンジンに詳しいが、時速一〇〇キロで高速道路を走ってもエンジン回転数はたかだか三〇〇〇回位、しかも一分間、電気現象は全て秒が基本単位、中部電力から買っている電氣は六〇ヘルツ、一分間の回転数に直せば三六〇〇回転、一〇〇キロヘルツをエンジン回転数だと六〇〇万回、こんな高速で回せる回転機はないね」

親父さんが一〇〇キロヘルツと言ったので森村が一〇〇キロヘルツをエンジン回転数に置き換えてみた。

「電話の話声も一〇〇〇サイクルぐらいだから、電波の周波数はけた違いに高速だ」

「僕はいつもNHKの第一放送を聞いている。周波数は七二九キロヘルツ、人の声が一〇〇〇ヘルツだとすれば、千倍も違う、大きな違いです」

森村は熟知していたが親父さんの顔色を窺った。

「正雄君、マイスナーの登場だ」

親父さん突然マイスナーの名前を出した。

「リーベン管という特殊な三極管を使って発振回路を発明した男だ」

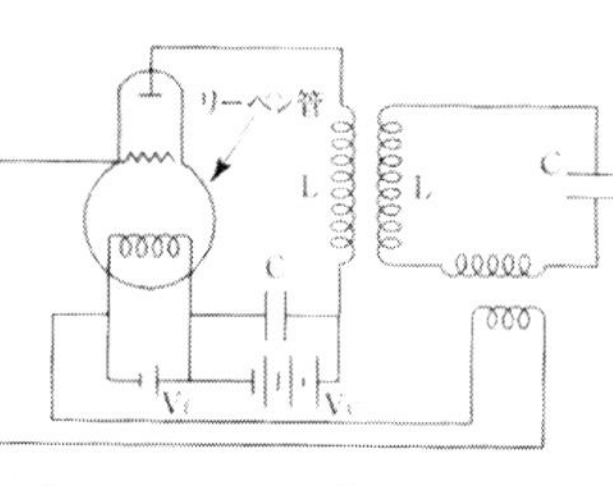

「持続的な振動電流を生ずる電気回路を発振回路と呼びます。この発振回路を一九一三年初めて作った男、その名はマイスナー、ドイツ人」

森村はしゃべりながら近くにあった紙にすらすらとマイスナー発振回路を書いた。インダクタンスLとコンデンサCの共振回路が含まれている。

「正雄君、君は天才だね、本も見ずによく書けるね、驚いた」

「マイスナー君の登場で減衰振動電流が持続可能な振動電流になった。中々越えられなかった壁が越えられると分かると、一九一五年GE社のハートレイ技師がハートレイ発振回路を、一九一九年同社のコルピッツがコルピッツ発振回路を発明、同じ周期の持続可能な高周波電流を容易に作りだせる技術が確立した」

親父さんが年号を入れて発振回路発明者の名を挙げた。町の電気屋の親父にしては珍しい物知りだ。

「正雄君、一九二〇年だよ、遂にウエスティング社のコンラッド技師がピッツバーグの放送局から世界で初めてラジオ放送を行った。一九二〇年、真空管を使った送信機、第一声は何と言ったかな」

親父さんが目をつぶって言った。若いころを思い出しているのだろう。

「親父さん、持続可能な振動電流を作るのに二五年も費やして発振回路を発明した。ところが音声の周波数は三桁も低い、音声をどうやって電波に乗せたのだろうか、もう少し先人の話が聞きたい」

森村は十分解っていたが親父さんを促した。

「正雄君、電波を運送屋、運び屋としよう」

「電波は運び屋、音声を運ぶ運び屋ね」

「発振回路ができたから同じ周波数の電波が簡単に作れるようになった。これをアンテナにつなげれば、アンテナから決まった周波数の電波を発射できる」

「そうですね、簡単になりました」

「電波の基は振動電流、一般的にはサインウエーブだね。振動電流の大きさを変えてみてはどうだろう」

「音声の大きさで振動電流を変える。例えばこうですか、先ず音声の信号波がサインウエーブでこんな具合、運び屋の電波は高周波で一定の大きさ、こんな具合、この二つを組み合わせると、こんな具合ですか」

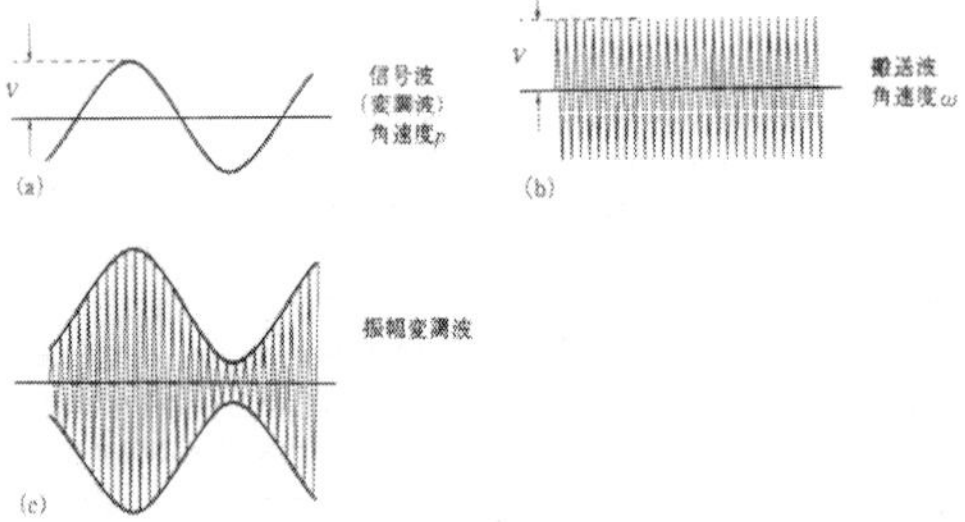

V
搬送波
角速度ω
(b)

V
信号波
（変調波）
角速度p
(a)

振幅変調波
(c)

森村がまた紙に信号波、運び屋の電波を搬送波、二つを合わせた波を振幅変調波と書いて親父さんに見せた。

「そうだ、振幅変調波だ、この波を放送局から発射すれば運び屋に信号が乗っかっている」

「受信側はどうするの」

「この信号が乗っかった変調波をアンテナで受信、検波する」

「検波とは」

「変調波のマイナス側をカット、ダイオードを使う。欲しいのは信号だけだから、整流して半波にし、コンデンサを使って高周波分を除去すれば信号波だけ取り出せる。これが検波、こちらは簡単な電気回路でＯＫ」

「僕も鉱石ラジオを作ったから、よく分かります」

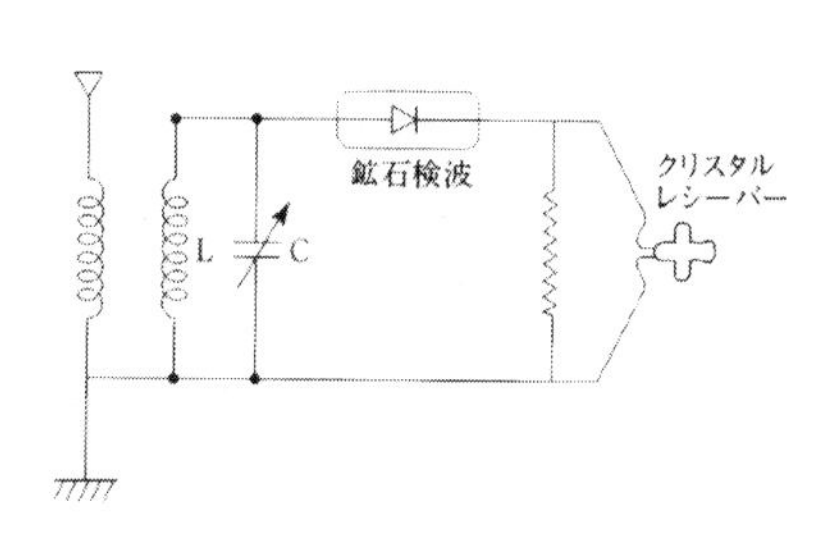

森村はまた傍らの紙に鉱石ラジオの回路図を書いた。

「正雄君はすぐに紙に書くから明快だ。よく分かる」

「鉱石検波、まあダイオードですね、これでマイナス分をカット、レシーバーに送れば信号を聞き取れる」

「バリコンと呼ぶんだ、懐かしいなあ、ノブが付いていて回して選局した」

「可変コンデンサ、コイルと並列につないで共振回路を作り、放送局から送られてくる電波の周波数を探す、同調回路と呼びましたね、LとCで共振すると電圧が最大になる、あの原理を使いましたね、自分も懐かしいです」

森村は中学時代を思い出していた。不思議な電波だ。蚊の鳴くような小さな声が聞こえて来るような気がした。電池も何もつないでいないのにどうして声が聞こえるのか担任の先生に聞いたが教えてくれなかった。電波のことなど知らなかったようだ。

第十四章
月産三十万個達成

月日はどんどん過ぎて晩秋を迎えていた。落葉樹が黄色に色付き芝生も枯れて柔らかそうな表情をしていた。森村達自慢の電波雑音試験場にも晩秋の穏やかな日差しが降り注いでいた。

今日も朝からK社の二輪車が持ち込まれ、電波雑音防止対策の実験が行われている。丹羽達の実験班は慣れたものでCISPR規制値を満足させる防止器の選択や、ワイヤ類の引き回し、バックミラーの形状等測定結果を見ながら評価していった。

ここでの結果とイギリスやドイツの認定試験場での結果の突合せデーターも多くなり、丹羽達の測定結果がCISPR規制値を満足していれば、まず間違いなく認定試験も合格したからフル稼働に近い超過密スケジュールであった。

汎用エンジンメーカーからの出張依頼も多くなった。昨日は浜松の船外機メーカーと立会い試験だった。船外機はボートの後ろに、推進用のプロペラと一体になったエンジンがほぼ垂直に装着、排気ガスは水面下に排出される仕様になっている。湖水や海辺に浮かべて測定するのが本意だが、実際にやってみると水面の反射などが加算されて再現性が乏しく、十分な防止対策が困難であった。

フランスの認定試験場UTACが行っている方法を参考に森村が考えた、大きな桶に吊るす、吊り下げ方式である。木材で枠組みを作り、金属類を一切使わずに船外機本体を支え、大きな水槽に水を張り、排気管やスクリュー全体を水没させる。

エンジンを始動させると排気ガスが水を張った大きな水槽からブクブク吹き上がってくる。この配置だと揺れることも無く再現性があり、十分な雑防対策が行える。と同時に認定試験もクリアできるかどうか評価できるから船外機測定のモデルとなった。

こうして各社の点火系から発生する電波雑音防止対策を明らかにしていった。丹羽達が辿り着いた防止器は抵抗入りプラグ、抵抗入りキャップ、抵抗入りプラグコードの三種類であった。この三種類を適当に組み合わせることで電波雑音を低減できると確信した。

自動車は抵抗入りプラグ+抵抗入りプラグコードの組み合わせである。この組み合わせで許容レベルまで低減させられる。

二輪車、スノーモービル、船外機、チェンソー、発動発電機、汎用エンジン単体、これらの機種は抵抗入りプラグ+抵抗入りキャップの組み合わせでほぼ許容値まで電波雑音を低減させられると結論を得た。自動

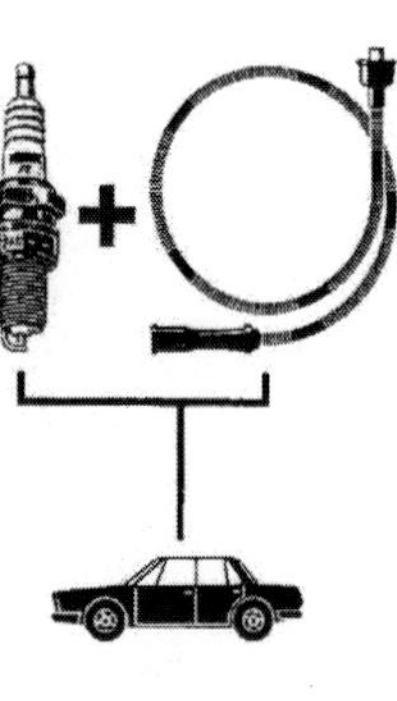

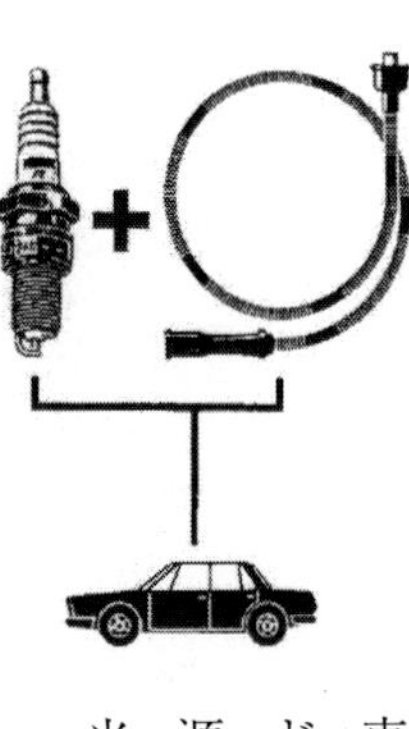

車も二輪車等も抵抗入りプラグがベースで、不足分を抵抗入りプラグコード、抵抗入りキャップが補う構図である。点火系から発生するノイズの根源は点火プラグの火花放電であるから、自らに抵抗を共有、防止するのが当然であると言える。

森村達はあらゆる機会を利用してこの図を披露した。点火系から発生する電波雑音防止にはモノリシック抵抗入りプラグがベースで、四輪車は抵抗入りプラグコード、二輪車などは抵抗入りプラグキャップを組み合わせる、この組合せがベストだと。

発生源の基である点火プラグに抵抗を入れたモノリシック抵抗入りプラグ、この抵抗入りプラグをベースにした雑音防止対策を推し進めて来た森村グループは社内でも評価されるようになった。最初はひどく反対した製造部長も森村には好意的で、生産移行も順調に推移して生産数量は月産三十万個以上になった。三十万個が一つの目標だったから技術部長を招待してささやかな祝宴を催すこともできた。

満足なグラスシール技術もない中、モノリシック抵抗入りプラグを開発、社内の反対を潜り抜けてやっとたどり着いた三十万個である。森村自身はよくやったと自分を褒めてやりたい心境だった。だが出る釘は打たれるというか、技術部内でも全員が好感を持って見守ったわけではない。批判の声は森村の耳にも度々入った。その第一はコスト意識の低さであるというものだった。

新しい商品としてモノリシック抵抗入りプラグを開発し、量産にも成功し、販路が広がった功績は大きいが、それによって営業収益が大幅に縮小、赤字商品垂れ流しではないかと営業部門からも苦言がでた。製造原価が販売価格を大きく上回っていたからである。

東洋窯業にはなかった新しい設備の増設、生産技術部門は技術者の増員でこれに対処した。製造部門だってこれまで経験のない製法であるから戸惑いや操作ミスが多発、製造歩留りは著しく低下した。高価な電波雑音測定器の海外からの購入、試験場の建設や運営にも費用は加算だ。新しい事業だから当然の成り行きなのだが担当者は嫌悪した。

「ちょっと頭に乗りすぎているんじゃあないかね」

生産技術部長が森村を呼びつけて罵声を浴びせた。

「いつもご無理なお願いばかりして申し訳ありません」

森村は頭を下げた。

「君も知っているように我が社の特徴は粉末充填方式だ。工場の生産設備は全てこのやり方だぞ、償却が終わった機械だって立派に稼働している。だからどこよりも安く生産できるし、競争力も優っている。それぐらい君も課長なんだから、自覚したまえ」

生産技術部長黒野は森村を睨みつけた。森村は無言で頭を下げていた。

「製造部の山田部長を丸め込んだのも君だそうだな、社長に直訴したとも聞いている。世が世なら切腹もんだ」

黒野部長の怒りは続いた。

「三十万個達成祝賀会を開いたそうだが、会社に莫大な損害を与えておいて、なにが祝賀会だ、いい加減にしろ」

反論すればもっと過激になると森村はひたすら頭を下げ続けていた。

「黙って頭を下げておれば、許してもらえると思っているようだが、技術部長も祝賀会に出たそうだが、何を考えているやら先が思いやられる、あほな部長だ」

ここまで来れたのも技術部長、後藤さんのおかげだと恩義を感じている森村、信頼している上司を罵倒されて頭に血がわっと駆け上がった。

「後藤部長は部下思いで先が読める優秀な部長さんです」

君とは器が違うと言いたかったが、穏やかに言った。

「俺とは器が違うと言いたいだろうが、会社は利益を優先、部長たるもの部下も指導できず、どこが優秀なんだ、馬鹿馬鹿しい」

「後藤部長の指導のおかげでZ社の純正部品に加えて頂けました」

森村は上司の後藤部長を崇拝していた。いい上司に恵まれ感謝していた。

「ヨーロッパ向け限定、数量も僅か、損してまでやるビジネスかね」

「高岡社長さんも喜ばれました」

「社長も困ったものだ、先が全く見えていない」

「先が見えていないのは、失礼ですが黒野部長さんだと思いますが」

しまったと後悔したが、言葉が気持ちより先行した。

「なに、俺が先を見ていないと、アクセルを踏むやつばかりでブレーキを忘れている。イケイケドンドンで、みんなでアクセルを踏んだら会社は倒産するぞ」

「一歩先に手を付けたから愛知電装に勝てました」

「儲かるようになってから言え、まっかっかの赤字でどこが勝者だ」

森村は冷静になろうとした。だがとことん議論すべきと腹を決めた。

「今は赤字ですがこの先更に量産が進めば黒字になります」

「量産が進めばだと、赤字額が増えるばかり、それにな、生産機械の稼働率は悪い、チェック機構が多すぎる。チェックチェックでまともに動かない」

「まともに動かないのは生産技術力の欠如です」

我慢の限界だと思った。ちょこちょこ止まって稼働率が悪い、いつも止まっている。こんな生産機械しか造れない生産技術部の無能さに腹が立っていた。確認項目が多いからと言ってチョコ止が多すぎる。倍の機能を持った新製品なのだ。

「生産技術部が無能だと、まともな製品設計も出来ずに、何たる暴言だ」

黒野部長は怒りを露わにした。

「新しい製造機械へ挑戦するよい機会です。生技の総力を挙げて頂けませんか」

十年も先輩格の部長さんに張り倒されそうだったが、森村ははっきり言っておこうと思った。製造部長が強調していた我が社の伝統、先輩連から受け継いだ製法をかたくなに守っていくことが我が社の伝統を守っていく道だと黒野部長も信じておられるようだ。

「東洋窯業の伝統を無視する君らの行動に我慢ならんのだ」

黒野部長は右手を握って振り落した。机ががたんと大きく揺れた。さすがに森村も動揺した。ここらが潮時かと頭を過ったが、大義名分の四文字も鮮明に浮かんだ。時代の流れとともに製品設計も変わる。生産技術も製品設計の変化に柔軟に対応し、時代の流れに沿った設備設計に努めるのが職務のはずだ。それなのに我が社は伝統だ、社風だと身の安全ばかり考えている部課長が実に多いと思った。時代の流れに乗り遅れた製造業はやがて没落の運命に至る、そうなったら万事が窮する。

「本業消失、そうなりませんか、黒野部長」

「何が本業消失だ、世界一のプラグメーカーを見よ、彼らの後を追っていれば間違いない」

森村は落胆した。これが生産技術部長かと、時代の流れに合致した製造技術を研究開発する部署が生産技術部、少なくとも技術部と名が付く以上イノベーションに挑戦するは当たり前である。新しい生産設備への挑戦だ。

「プラグは抵抗入りになります。抵抗入りプラグはモノリシック、グラスシールです。これ以外選択の余地はありません」

森村は明言した。だからモノリシック抵抗入りプラグの製法に全力で取り組んでほしいのだ。

「森村、そこだ、俺が怒っているのは、抵抗入りプラグの拡販に躍起な君達に、腹を立てているんだ」

本社販売部長も同じ発言をしていた。儲からないプラグの拡販に反対なのだ。儲かる商品のサポートに全力で立ち向かえと販売部長は森村にも直に言った。

「先手必勝だと思われませんか」

「二番手で十分、慌てる乞食は貰いが少ないと昔から言ってる、儲かるプラグの増産、それが我々の責務、其れぐらい分かるだろう」

黒野部長も少し冷静さを取り戻した。

「黒野部長、二番手で十分だと言われましたが、ライバルは愛知電装です。アメリカのチャンピオン社ではありません。ライバル社はご存知にようにグラスシール方式です。黒野部長さんも技術者ですから、カートリッジタイプとモノリシックタイプ、どちらが生産性に優れているか、量産向きなのかよくお分かりだと」

黒野が手を挙げて森村の発言を制止した。

「そんなことは百も承知だ、開発を止めろとは言っていない、売り込みを止めろと、山里に試験場まで造って自動車メーカーさん呼んで、儲からない君達の行動に腹を立てているんだ。営業本部長からも注意したれと、昨日言われたばかりだ」

営業本部長は技術に疎いからしょうがないとしても、生産技術部長は先が読めるはずだし、当社の置かれている立場も良く分かっておられるはずだ、今原価率が悪いからと言って森村達の努力に水を差すようなこれまでのやり取りはまだ裏がありそうだ。妬みだろうか、技術部長後藤への足の引っ張り合いを感じた。黒野部長、後藤部長、営業本部長、この三人は入社歴もよく似て部長職、この中から一人役員が選ばれると噂もある。

「試験場を造って頂いたおかげでライバル社へいく注文が我が社に来るようになりました」

「それは君達の思い過ごしだ、ライバル社は儲からない抵抗入りプラグより一般プラグを宣伝している、お利口さんだよ」

「黒野部長さんは本気でそう思っておられますか」

「当たり前だ、まずは高収益だ」

「愛知電装が総力戦に出たら、一溜りもありません。彼らは最初からグラスシール、グラスシールからモノリシックへの転換は簡単です」

「浜田研究部長の所から酒井を引っこ抜いたそうだが、浜田部長はグラスシール技術に精通されているし、やろうと思えばいつでも出来ると自慢しておられる。やらないのは未だ時期が来ないからだ。時期が来たらいつでも立ち上がれる。ライバル社の製法などその気になれば即対応可だ」

黒野部長は腕組みして自信たっぷりだった。聞くと見るとは大違い、試作と量産は大違い、やってみて初めて分かる新事実、黒野部長は立派な大学の工学部出身なのに技術音痴も甚だしいと腹立たしくなった。

「浜田部長さんは研究の方、新商品開発の種をまく専門家と尊敬しています」

第二十九報にも及ぶグラスシールに関する研究報告、森村は丹念に読んだが量産技術には程遠い内容だった。研究者と技術者の違いも黒野部長は理解していないようだ。

「浜田部長は優れ者だ、君とは大違い」

「浜田部長さんは優秀な研究者だと尊敬していますが、グラスシールの権威者ではありません。現に浜田部長さんの報告書通りに試作したグラスシール品は火花耐久試験で全滅しました」

「火花耐久試験だと、そんな試験やったことないだろう」

「そうでしょう、滑石充填タイプでは不必要な試験です。しかしグラスシールは導電性ガラスで封着しますから、長い時間火花放電させますと導電部分が酸化劣化して、導通不良になる致命的欠陥が発生します」

黒野部長は反論しなかった。

「ここに火花耐久試験器の回路図があります」

森村はいつも持ち歩いている資料の中から火花耐久試験器の回路図を取り出して黒野部長の前に広げて見せた。

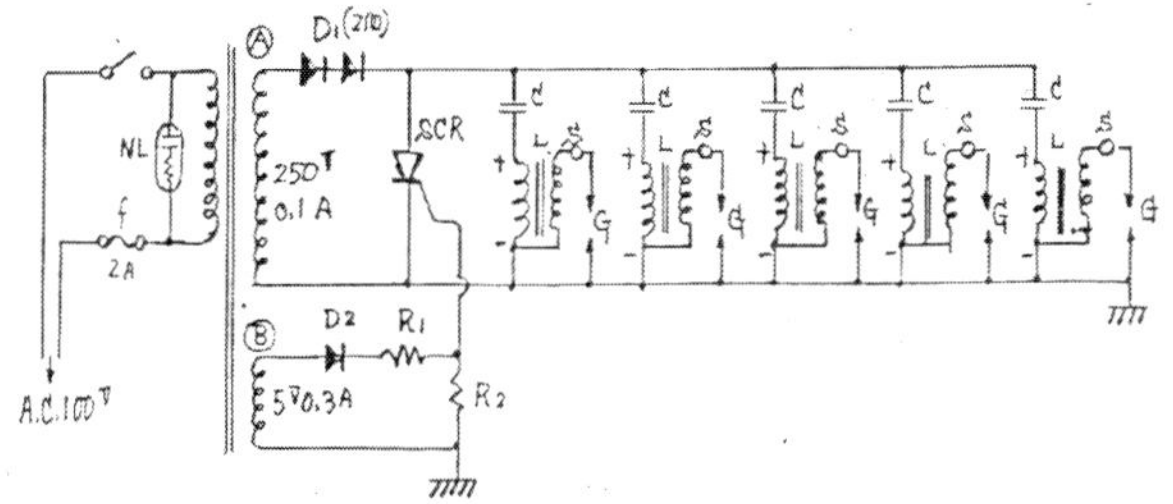

「二十四時間連続運転で、一〇万キロ走行想定回数の火花放電を加え異常が無いか確認する非常に大切な耐久試験です」

「浜田さんは電気屋でないからな」

「製法が異なれば品質確認方法も違ってきます。我々が考えた火花耐久試験装置、説明させて下さい」

黒野部長は何も言わなくなった。森村は部長席に広げた回路図を指さして言った。

「市販されている自動車用イグニションコイル五個を並列に並べ商用電源をダイオードで整流、コンデンサＣを充電、スイッチング機構のＳＣＲをＯＮにしてイグニションコイルに放電、高電圧を発生させて二針ギャップＧを火花放電させます。試験試料はここＳに挿入、六〇ヘルツですから一分間に三六〇〇回、火花放電させ、試験試料に火花放電電流を流し抵抗の変化を二四時間ごとに計測、二〇時間経過後異常が無いことを確認します。三六〇〇×六〇×二四×二〇ですから一億回以上になります」

黒野部長は黙って森村の説明を聞いた。

「一億回以上もの火花放電に耐えるかどうか、研究部ではこんな確認試験は行いません。グラスシールで一番重要な性能チェックです。もしこの試験で抵抗値が高くなれば、抵抗はエネルギを消費しますから、加熱して破壊するか火花が飛ばなくなる失火現象を呈します。点火プラグにとって致命的な欠陥です。浜田研究部長が言われた通りの仕様で試作した試料はことごとく破損しました。ものの一時間で全滅です。一億回以上もの耐久試験に耐えなければ商品になりません。万が一にも市場でトラブルが出ないよう、量産と研究開発には雲泥の差があります」

大先輩に向かって言い過ぎたかと危惧したが　黒野部長は終始無言になった。今森村を支えてくれている技術部の後藤部長は製造部長から技術部長に転籍された経由があった。過日、森村の上司渡辺課長に怒鳴り散らした山田製造部長は技術部長から製造部長に転籍された。

それに比べて黒野部長は入社以来ずっと生産技術畑一筋を歩いてこられた。生産技術部で主任になり課長、そして部長と順調に昇進、挫折感など皆無なサラリーマン技術者人生を歩いて来られた。恵まれたサラリーマン人生だと失敗を恐れ、継続は力なりと信じ、変革を極力避け同じ道を歩もうとするらしい。

我が社の主力商品は点火プラグである。その点火プラグが抵抗入りに変わろうとしている。これまでの商品から新しい商品に変わろうとしている。当然製法も違ってくる。これまでの技術では越えられない壁が出現する。

〝本業消失〟の危機にあると森村は心配した。電波雑音を防止する機能を付加した全く別商品に変わる。見た目は同じでも非常に重要な性能を具備した商品に変革すべき時期がついに到来したのだ。好機とみるか不遇とみるか、東洋窯業株式会社にとって決して歓迎すべきでないだろうが、好機とみて全社挙げて頑張れば変革も可能になる、森村はそう固く信じて頑張って来たと思っている。

数多いプラグメーカーは一社を除きグラスシールタイプである。彼らにとっては好機到来といえよう。電波雑音防止機能を付加した商品への変革は容易だ。抵抗部分を作成する機器を付加するだけで対応できる。それに比べ我が方は大幅な設備変更と新製法に熟知する経験が問われる。ライバル社が稼働する前に十分な準備を整え、迎え撃つ布石を完了させておかなければ本業消失に成ると森村は焦っていた。

「本業消失の危機です」

「本業消失、なんだ。それは」

無言だった黒野部長が叫んだ。

「見た目は同じでも付加価値の高いプラグに革新です」

「同じプラグじゃあないか、大げさに、本業消失とは、言い過ぎだ」

「製法が全く違います。技術も生産機械も異なります」

黒野部長は微塵も危機感を持ち合わせておられないように感じた。黒野部長以外に、今やっている製法を守っていくことが最良だと、多くの方々が思っておられるようだ。森村は寂しい気持ちになっていた。本業消失の危機と全社一丸になって頑張らないと東洋窯業は倒産する、黒野部長には分かってほしかった。

「ライバル社が出てくる前に名実とも、世界一のモノリシック抵抗入りプラグ量産設備を、整然と稼働できる体制の構築に、宜しくお願い申し上げます」

森村は深々と頭を下げた。

第十五章

モノリシック抵抗入りの改良

月産三〇万個達成記念祝賀会も全社的にみると冷やかだった。やっとここまで来たと森村グループの面々は喜んだが、海外販売部門からも祝賀の声は皆無だった。むしろ抵抗入りプラグ増販に嫌悪する空気さえ感じられた。森村の胸中とはまるで違っていた。本業消失の危機など微塵も伝わって来ない、順風満帆な事務所風景が漂っていた。

「丹羽君、どう思うね、海外販売部の寺尾君の発言」

森村が渋い声で言った。過日開催された欧州向け抵抗入りプラグ拡販会議で欧州担当事務方、寺尾が収益性の悪い抵抗入りプラグの拡販に反対の立場を表明した。

「Z社の欧州向け純正に入れたのに、感謝の言葉も無く、あの人は駄目ですね」

丹羽も同席して彼の発言を聞いていたので憤慨していた。

「問題は収益性だ、販売価格は上がったが、製造原価がその分で収まっていない」

「抵抗入りプラグはやっと三〇万個、まだ全体の三%弱ですよ、数量多売商品ですから、増産すれば量産効果で原価は下がります」

「そうは言っても、損する商品では拡販したくない、彼らの言い分も聞いてやらんと、一番のネックは歩留りが悪い、ここを改善かな」

　森村は原価低減が直近の課題だとおもっていた。

「相変わらず抵抗値の不良、おねじ隙、汚れ、でしょうか」

「良くなったが、まだまだ不良品が多いようだな、火花耐久試験とか、防止効果とかの設計要因は大丈夫と思うが」

「いやいや課長、愛知電装がとんでもない電雑改善プラグをZ社以外X社にも出しました」

「知ってる、銀ペーストみたいなものを焼き付けた、あのプラグ、自分も見た、設計仕様変更もありか、性能向上競争は果てし無いな」

「X社から内緒で頂きましたが、あそこまでやってくるとは、コスト無視、雑防効果のみ向上させたい強い意志を感じます。対抗品を準備しないと」

　丹羽が懇意にしているX社の技術者から内証で頂いてきたライバル社の抵抗入りプラグは銀ペーストのような導電性膜で絶縁体の外周を覆い貫通コンデンサ効果とシールド効果を狙って開発されたと思われた。銀は高価であるから多分別な導電材と考えられるが、電気屋が思いつく典型的な発想である。

「電気屋とは違うセラミック屋の発想で行こう」

「課長、セラミック屋の発想って」

「我が社は窯業会社、あちらさん、電気屋、僕も電気専攻だから良く分かるが、ここは本業に徹しよう」

「自分も電気屋だから、貫通コンデンサ効果はよく分かりますし、部分的に導電性釉薬を使えば同じような構造の対抗品ができます。やってみる価値はありかと」

丹羽は自分達だって同じ構想の雑防改善プラグが出来ると思った。

「電気屋の発想でなく、セラミック屋の発想で乗り切ろう、近々の課題はコスト低減、導電ペースト対策はコスト高になる」

「防止性能向上の要求は非常に強い、ライバル社の新提案で三デシベル（dB）は良くなりましたからそれ以上効果のある提案をしないと、X社は愛知電装に取られます」

「コスト低減どころでないか」

「うちも導電ペースト巻をやれと言われそうです」

「丹羽君、あれは駄目だ、あんな対策したら原価高、とてもじゃないが」

「規制値をオーバーする機種が出て、愛知電装製はＯＫ、当社はアウトになったら忽ち納入ストップですから、そうなれば何でもありになります。覚悟下さい」

「おいおい、脅かすなよ、儲からん商品なんか売りに行かんと、またまたブーイングだ。とにかく地道に改善に取り組もう」

「地道にと言われましても、導電巻に負けますよ」

「電気屋的発想だよ、繰り返しになるが我が社は窯業会社、セラミックで勝負しないと勝ち残れない、僕はそう思う、地道な改善をセラミック技術で積み重ねればまだまだ改善の余地は十分ある」

森村は自信たっぷりな態度を見せたが、ライバル社の思い切った雑防対策向上品に対抗できるか、胸中不安の渦がぐるぐる音を立てていた。

数日後森村は三者会談を開いた。三者会談とは森村グループ内で森村、酒井、丹羽の三人で毎週一回開催していた。主題はモノリシック抵抗入りプラグの技術課題である。月産三〇万個の量産体制は整ったものの問題は山積みだった。社内各所から抵抗入りプラグ増産に批判の声もあったから、全社一丸に成れない原因と対策が求められていた。

拡販を進めて来た森村達の努力が実ったのか、Z社をはじめ自動車メーカー各社に納入が本格化し、二輪車やスノーモービル、船外機など汎用エンジンメーカーにも拡大して、ほぼ全社から注文が来るようになった。そしてついに月産三十万個を達成するに至ったのに何故か社内の空気は閑散としていた。喜んでいいのに冷たい視線が森村グループを取り巻いていた。

「生産技術の飯尾課長からいい加減にしておけと言われました」

三者会談の冒頭酒井が発言した。不満の色が滲んでいた。

「海外販売同期の木俣からも同じような反論がありました」

丹羽が苦々しく言った。自分達が一生懸命努力して得た三〇万個の実績である。批判される理由が分からない。

「第一の理由は原価高、赤字商品、第二は余分な仕事増、特に生技や製造では、第三に先を見る目がない、多少のやっかみかな」

森村が発言した。この会は森村三本の矢会とも呼んだ。三人集まれば文殊の知恵が出るとの例えで、正しい方向へ業務を進展できる知恵の会とも呼んだ。定期的に集まって言いたいことを言い合う会でもあった。

「今日は原価低減を徹底議論したい、これまでの状況、現在、これから先の見通し、酒井君にお願いしたい」

不評の最たるもの、造れば作るほど赤字になる製造業者の悲しみ排除、どうやって赤字地獄から脱出するか、三人に立ちはだかる絶壁の排除である。

「緒元の基は自分にあるようですので、グラスシールの現状を報告します」

酒井が立ち上がって言った。手元に資料がいっぱいあった。

「課長もよくご存じのモノリシック抵抗入りプラグの粉末充填と加圧の工程です。ＯＨＰに映しました。中心電極挿入後第一段目に導電シール材を挿入加圧して固めます。第二段に抵抗になるＲ材を充填、加圧します。最後に第三段シール材充填、加圧します。この第三段目は端子の封着用にもなります。このようにシール材、Ｒ材、シール材の順に各々所定量を計量充填加圧して固めます。そして充填加圧後端子を挿入してＬ寸法が定められた寸法を満足しているか確認します」

酒井がＯＨＰで映し出された図を指さして発言した。

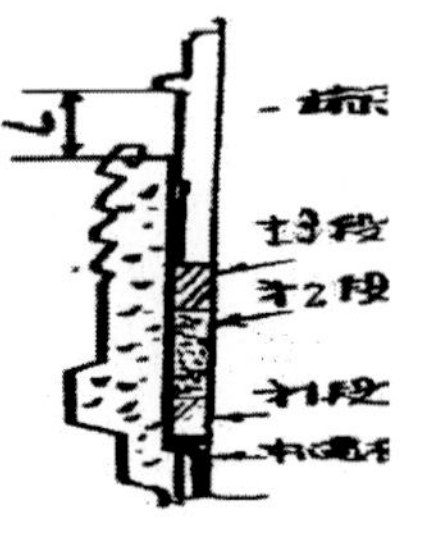

「粉末充填のさい吹きこぼれなどで所定量が充填されないと抵抗値不良になる、三段とも確認されているね」
森村が質問した。
「各工程で充填後の充填量を計測していますから、吹きこぼれで少ないものは除去できる機構になっています」

酒井が答えた。チェック機構はあるが完璧がどうかだ。

「この写真を見て下さい、ご存知のタンテーブル式充填機です。生産技術部が英知を集めて設計した最新版、充填後プレスしますから、プレス後のL寸法、チェック機構が繰り込まれています」

酒井が製造部の生産ラインから写してきた充填機の写真を説明した。

「滑石充填機の流用感がある、滑石は滑りがいいから緻密に充填されるがR材は滑りが悪いから吹きこぼれる」

「直線式の滑石充填機を丸くタンテーブル化しただけじゃあないの」

丹羽も批判めいた発言をした。

「滑石充填機は我が社の伝統ある技術だから、生技自信作だと思う。特技を生かした設計だと僕は評価している」

森村は先輩達が引き継いできた技術の流用こそ大事だと思った。我が社の伝統を生かした設計なら確認済みの技術である。流用するのが本意のはずだ。

「問題はR材の流動性向上です、細かく粉砕して、粒形に造粒技術が不足しています」

酒井は頭を下げた。自分の技量が足りないと自覚しているようだ。

「充填手法は滑石充填機で経験豊富だからまあ安心だが、加熱炉、グラスシールのキイは加熱炉じゃあない、これまでの製法と一番異なる高温の世界だから、僕には全く手が出せない分野だ」

「焼いてみないと分からない、セラミック屋の口癖ですね」

丹羽も電気専攻である。窯や炉の知識も経験も皆無だった。頼りは酒井である。

「R材もシール材もガラスが添加されています。このガラスを溶かす温度設定が重要です。この部分の温度計測ですが、この図のように第一段シール材充填面で計測します。熱電対温度センサーをセットして、実物と内孔温度を測ります。前にもお話しました温測です」

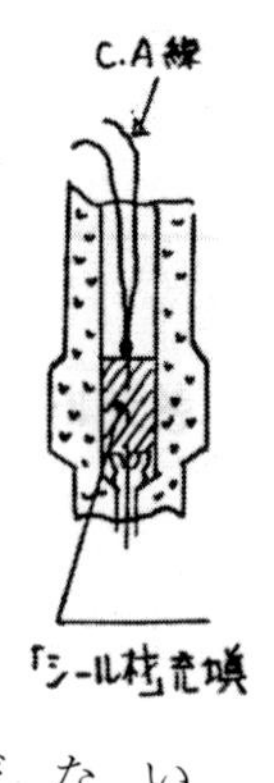

酒井が内孔温度計測の手法を説明した。勿論森村、丹羽も十分解っていた。加熱封着工程は未経験の分野であり、先輩諸兄誰一人精通者はいなかった。少量生産の試験炉での経験はあったが大量生産は未知な分野だった。それだけに慎重だった。

「加熱封着の工程がモノリシック抵抗入りプラグの心臓部でしょうね、真っ赤に加熱封着された接合品が間欠搬送、ぐるり、ぐるりと回りながら搬送されてくる光景は圧巻です」

酒井がそう言いながらＯＨＰで焼成炉の写真を映した。森村が心配したグラスシールの心臓部である。滑石充填方式とは大違いな、灼熱製法である。

「本当に出来るのかずいぶん心配した」

森村は酒井が映した写真に感激する思いだった。東洋窯業でもその気になればやり遂げる技術力があると自信になった。

「先ほどの内孔温度計測用ダミーを流して加熱温度を九三〇度から

一〇〇〇度の範囲に設定します。一〇〇〇度もの高温ですから使用部材も耐熱性が必要です。幸い我が社は窯や炉を自社で構築してきましたから、耐熱材料を扱うプロは多数御出でになりますので」

窯業技術者が多いから確りした設備ができたと酒井が笑顔になった。グラスシール炉を作った経験はないがセラミック焼成炉の構築は本業であったから、その経験を大いに生かした最新鋭のグラスシール炉になっていた。生産技術部長はぐちゃぐちゃ苦言を呈したが出来上がった加熱封着炉は生産技術部の粋を集めたのだろう、堂々たる重量感に満ちて立派だった。

「森村さん、加熱封着炉でのポイントは加熱位置です。R材の横あたりに発熱体がくるよう位置を決めます。この図をご覧ください。発熱体との上下関係です。受け治具の寸法バラツキとか、接合品中軸寸法のバラツキなどありますから、発熱位置がバラツキ、シール材やR材部の温度も変化します。シール材とR材のガラスが一部溶けて軟化したとき、挿入されている端子を押さえ、ピンで徐々に圧入します。押さえ圧力、押さえのスピード、凝固後の冷却スピードなどによって抵抗体の形状が変形し、端子が十分圧入されずに端子隙の不具合が出たりします。多くの要素解析をし、加熱封着の要因分析もまだ不十分です」

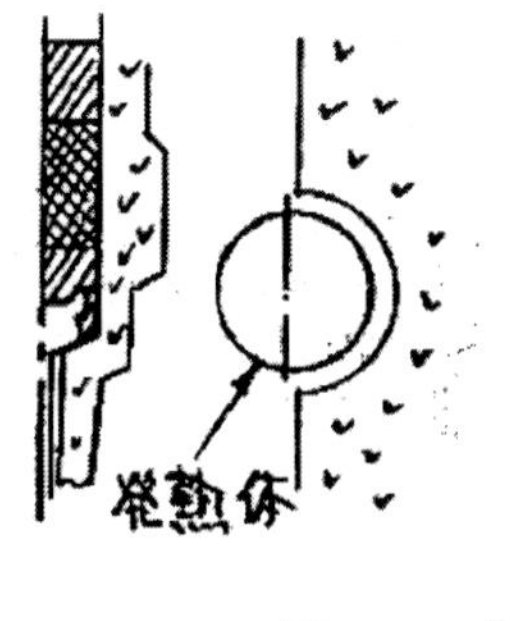

酒井が最も重視している工程不良である。東洋窯業生産技術も未経験な分野であった。それでも見たところ、立派なグラスシール炉になった。

「近々稼働する五号炉です。課長如何ですか」

酒井がＯＨＰを映した。

「おお、立派だ、生産技術も頼りになるな」

森村は酒井が映した写真を見て嬉しそうに言った。もう何回も製造部に足を運んで進捗状況を確認していたから十分承知だが、改めて見ると嬉しさはひとしおだった。

「生産技術の皆さんは不満たらたら、嫌味もいっぱいありましたが、製造部の山田部長が発破をかけてくれましたから、有難かったです」

酒井も満足げだった。

「捨てたもんじゃあない、味方も多数おいでになる、有難いね」

丹羽が発言した。森村も厳めしい山田部長の横顔を思い出し、苦笑いを浮かべた。

「酒井さん、この増設炉の月産生産能力、どれくらい有ります」

丹羽が写真を見ながら言った。

「稼働時間にもよりますが、月産三十万個の生産能力があります」

「すごい、この炉が稼働すれば倍増ですか」

「丹羽君、喜んでおれんよ、不良品の解析を十分行い歩留向上、原価低減、それを先行しないと動かせない、不良の山を築くからな」

森村は浮足立つ感じの丹羽を制した。増産に次ぐ増産でコスト低減を図り、抵抗入りプラグでも利益が十分出る体制を構築しなければならない。

「酒井君、不良の内訳、変化があるかね」

「量産以降やはり抵抗値不良ですか、相変わらず第一位です」

「抵抗入りプラグだから致し方ないが、原因はどこにあるか」

森村が渋い顔をした酒井を覗き込むように言った。開発以来の万年不良である。定められた範囲内に収まらず、小さかったり大き過ぎたり、不良品の山を作っていた。

「この図を見て頂けますか」

酒井がＯＨＰを映した。

「一番左側の図、理想的な抵抗体です。斜線部分が抵抗体を表していますが、ほぼ平らで上下のシール材でサンドイッチされています。こういう形でしたら実質抵抗体長は長く、設計通りの抵抗値に成ります」

「酒井君が言う通りいい形だ、何でもいい形は美味しい」

森村が発言した。

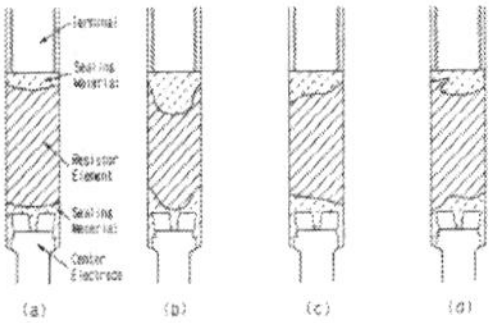

「ところが、左から二番目、だれています。これだと実質抵抗体長は短くなります。抵抗値は小さくなり不良品です。右側の二例も変形、当然抵抗値も異なります。いろいろな要因が考えられますが、一番左の図のような形状にする、ここがポイントです」
「酒井さん、右二つの例は抵抗体がシール材を介さず中心電極や端子の金属部に直接接触しそうな形状です。火花耐久試験器にかければ、この部分が焼損して、とんでもないクレームになりませんか」
丹羽が図を指さして言った。

「接触部の抵抗体が焼損して抵抗値が無限大になる可能性大です」

酒井が心配そうに言った。

「お客さんが使用している間に抵抗体の一部が焼損、これが原因で失火、重大クレームになるね」

森村も同感だった。

「ですから常に一番左側のようなフラットな抵抗体形状にする、これまでずっと頑張って来ました」

「酒井君、上側のシール材、下側のシール材、中間の抵抗体、これら三態がドロドロに溶けた状態だから難しいのか」

「課長が言われるよう、溶けた部材に端子を圧入しますから、圧力のかかり方で形状も変わりますから、抑えるスピードも影響します」

「要因解析と言っても難しいな」

丹羽が酒井に同情する言い方をした。

「形状を形作るガラス材が決め手だと考えています」

酒井の持論である。混在するガラスが大事だ。

「ガラスかね、僕らには歯が立たない、酒井君の出番だ、ガラスねえ」

森村が二度ガラスを口にした。

「コンクリートを想像して下さい。砂だけだとぐにゃぐにゃですね、小石、砂利を混ぜたらシャキット、あんなイメージです。ドロドロに溶けた状態でなく、溶けないガラスが混在して骨材になる、そういう考え方でこれまでやってきました。これからも同じロジックで挑戦したいと思っています」

酒井が自分の考えを言った。

「骨材のガラスね、頼むよ、君だけが頼りだ、精力的に探してくれ」

「はい、そうします」

「ところで、丹羽君、雑音防止効果の高い抵抗入りプラグが必要だと言ってましたね」

「はい、愛知電装の新製品に対抗できる高防止効果プラグです」

「愛知電装の新製品、性能確認しましたか」

「課長が予想された通り、約三デービーの雑防効果がありました」

「酒井君、聞いての通りだ、三デービー改善しないとＸ社、納入ストップの危険ありだ」

「何回目ですか、半年ごと位ですね、三デービー改善、三デービー改善、材料の開発だけではもう限界、何かイノベーション、革新技術が必要です」

「そうは言っても、愛知電装の真似はできんよ、これまでの経過を振り返ってみようではないか。見落としている要因があるかも」

「これは私がいつも持ち歩いているモノリシック抵抗入りプラグの抵抗部分の形状図です」

　酒井がＯＨＰを映して言った。

「皆さんよくご存知ですが、一番左が初めて量産に成功した基本計です。防止効果を上げろ、上げろと言われ抵抗体長を八ミリから十二ミリメートルまで長くしました。一番左はさらに骨材となるガラスの変更、アルミ等の添加物で改

善した最も新しいタイプです」

「このようにフラットな抵抗体であればいいが、形が崩れるから問題だったが」

「ですから、形状を整えるためガラスをあれこれ検討した結果が一番右で、確か平均値ですが、三デービー以上の改善効果がありました」

「丹羽君が抵抗体長をいろいろ変えた計算結果があったね、データーを映してくれ」

「はい、分かりました」

丹羽が手元のデーターを映した。

「酒井君、君には説明したが、このグラフは抵抗体長二ミリから三〇ミリメートルまで変化させた時の火花放電電流、周波数を横軸にして示したもの、低いほど防止効果が高いことを意味している。ＣＩＳＰＲ規制値は三〇メガから一〇〇〇メガだから、長いほど特に高周波帯で凄い効果がある。抵抗体が長いほど防止効果が高い、我々の開発経過と一致している」 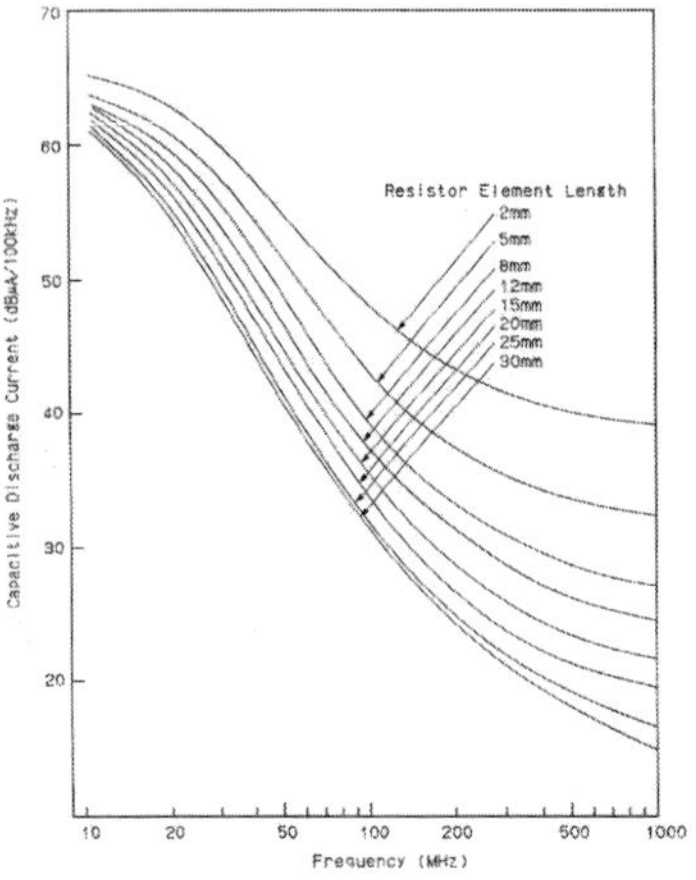

森村の得意な分野である。持論をデーターで示した。

「課長の説明は良く分かりますが、三〇ミリなんてとても無理ですし、二〇ミリも、現状では十二ミリが精いっぱいです。ですから十二ミリで何とかなりませんか」

酒井が苦悶の表情を浮かべて言った。何事にも限界があると言いたそうだ。

「長くすると効果があるのは抵抗体の中を流れる電流の流れが、

長くなるからだと思う。だったら決められた長さの中でジグザクに流れるような回路にしたらどうだろう」

「それは面白そう、ジグザク流れ、ブロック構造」

丹羽がすぐに反応した。電気屋的発想だからだ。

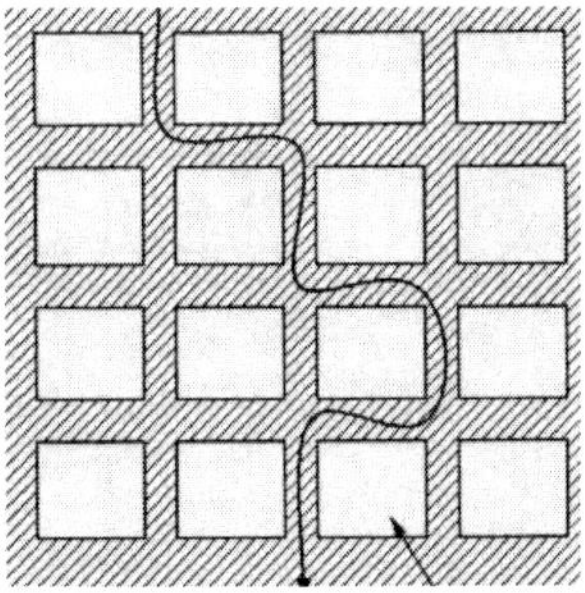

「抵抗体の中を碁盤の目のようにイメージし、斜線が溝として導体、矢印で示した白いマス目が絶縁体だとすれば電流は溝の導体部分を流れるから、抵抗の低い所をジグザグに流れるイメージだがどうだろう。丹羽君が言うようにブロック構造だ」

森村が白紙を広げて図を書いた。

「なるほど、こんな流れ方をするかも」

丹羽が分かった顔をした。

第十六章

ブロック構造の開発

一週間後再び三人が顔を合わせた。ライバル社の新製品、銀ペースト巻のシールドプラグに対抗する東洋窯業独自の雑音防止効果向上品の開発である。抵抗入りプラグであるから抵抗体で勝負したかった。限られた寸法の中で如何にして実効抵抗値を高くすか、周波数が高くなれば実効抵抗値はどんどん小さくなる。抵抗体自体が静電容量を持つコンデンサ成分を有するからだ。

「先週議論したブロック構造の構築、これこそ電気屋的発想と異なる、セラミック屋の出番だと思う。今や酒井君、君は時の人だ、是非とも具体的な実現に向けて頑張ってほしい」

冒頭森村が発言した。

「そう期待されても困ります。やはりライバル社の発想も織り込んであらゆる可能性を盛り込んだ雑防向上対策が最善かと自分は思います」

「酒井君、重責を負わせて申し訳ない。あらゆる可能性を織り込む、君の気持ちも分かるが限られた資源の中で最善の道を選ぶのがリーダーシップ、我が社の強みに特化した選択が必要だ」

「課長、私も酒井さんの意見に賛成です。ライバル社の手法も取り入れましょう」

「先週三人で議論したブロック構造の構築、あの発想に我々の資源を集中して投入したい。特化すべきだ、三デービーぐらいの改善なら絶対に対応出来る、自分はそう思う」

森村は最初からブロック構造構築一本に絞っていた。リーダーの自分が取るべき選択だと決意していた。

「課長がそう決意されているなら、素直に従います。これまでも課長の力強いリーダーシップでここまで来ましたから」

酒井が言った。自分への期待が感じられ嬉しかった。

「評価は自分が担当します」

丹羽も森村に協力したいと発言した。

「三人寄れば文殊の知恵、絶対出来ると信じられれば、必ず成し遂げられる」

森村が力強く言った。

「ブロック構造のイメージ、私も窯業専門家ですが、理屈はわかります。具体的にどう実現するかですね」

酒井が森村の意向を素早く読み取った。酒井は人の気持も良く分かる暖かい人柄だった。頭の切り替えも素早い優れ者である。

「酒井君、君の得意な分野だ。ガラスだよ、溶けないガラスの塊をあちこちに散在させるアイデアだが、どうだろう。こんな具合に散在したら電流は斜線部分を流れるから、ジグザク流れに成ると」

森村が先週書いた碁盤の目の図の横に新しい絵を描いた。先週議論したメモ用紙を持参していた。先週からブロック構造一本に絞っていたようだ。

「斜線部分が抵抗体、白い部分が絶縁体、つまり溶けないガラスですね」

酒井が森村の書いた図を指さして言った。

「斜線を引いた抵抗体部分は導電体だからここを電流が流れ白い部分はガラスの塊、ガラスは絶縁体だから、こんなな配置にしたら電流はあちこち電路を探して流れると」

「なるほど、碁盤の目の様にはできませんが、これならやれそうです」

酒井の表情が明るくなった。

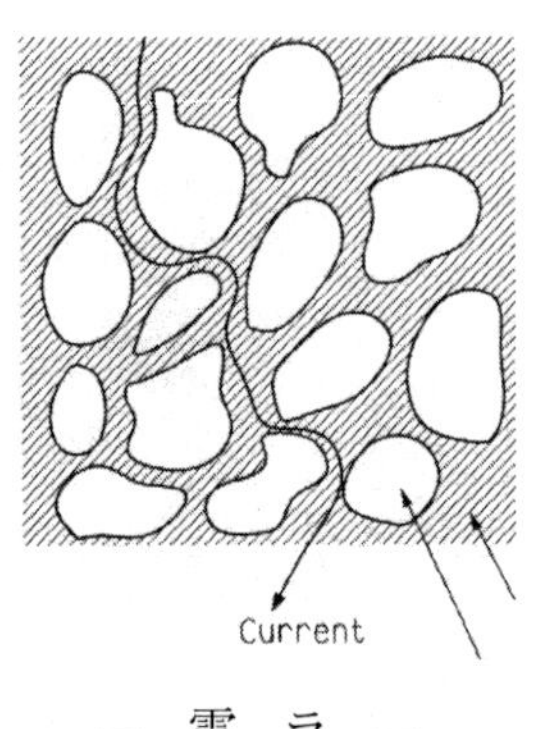

「抵抗体の長さが十二ミリ、これ以上伸ばせないとしたら、この長さの範囲内で電流通路を長くする、表面だけ溶かして塊を作る」

丹羽がぶつぶつ言った。

「電流通路が長くなれば実効抵抗値が高くなりますか」

酒井が問いかけた。

「決められた十二ミリ内での葛藤ですね」

丹羽が冗談めいた口調でまた発言した。

「愛知電装は電気屋の集団ですから、課長と同じイメージを描いたと思いますが、彼らが選んだ手法は導電膜のシールド効果、間違いない防止効果向上対策、彼らと同じ手法の検討もやるべきだと思いますが」

「おいおい、酒井君、止めてくれよ、その話は終わりだ」

ブロック構造構築の開発に集中するが、ライバル社の手法も織り込んで欲しい気持ちが抜けなかった。

酒井にとって自分への一刻集中の重圧に耐え難い思いもあった。

「酒井君、我が社の強みはセラミック、ガラスもセラミックに似て溶たり、弛じんだり、我が社の強みを生かしたやり方に集中したい。一刻集中だよ」

ライバル社と同じ対策品は問題なく作れるが、森村は独自路線を走りたかった。自分達には酒井という優れ者がいる、彼ならきっと道を開いてくれると確信がある。現に難攻不落と思われたモノリシック抵抗入りプラグの開発に成功、月産三十万個の量産にも成功したんじゃあないか。

「そう言えば、以前検討した結果を思い出しました」

酒井が手持ちの資料の中から一枚を選び出しＯＨＰで映した。

「これこれ、このグラフです。横軸がグレインサイズとありますが、ガラスの粒形、縦軸が電界強度です。三〇〇マイクロメーター辺りに最小値がありました。ガラスの粒径が防止効果に関与している結果です」 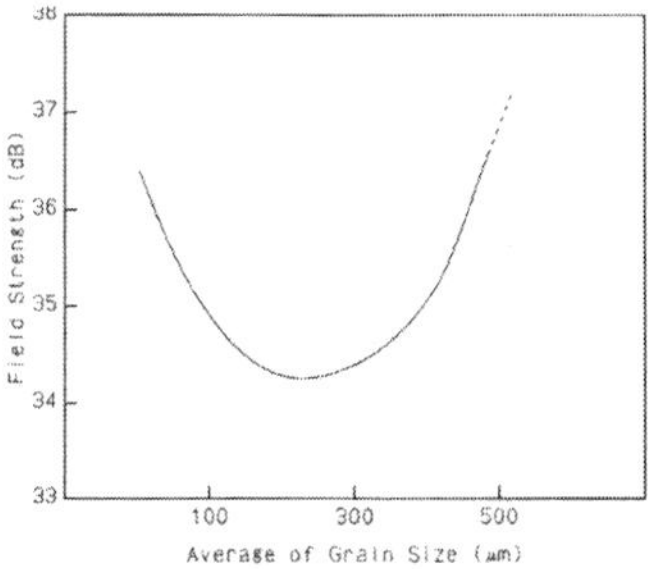

「酒井君、いい結果があるじゃあないの、ガラスの粒形に最適値があるということ、三デービー以上の効果がある」

森村がデーターを指さして言った。

「ガラス粒形が細かすぎるとガラスが軟化し、骨材が流動し易くなり、電流経路が不安定となって安定したブロック構造が取れなくなる。ガラス粒形が荒すぎると幾何学的にジグザグ状の経路が短くなる、そういう結果を表していませんか」

酒井が発言した。自分が取ったデーターである。自信があった。

「酒井君、そうだよ、きっと」

「僕には良く分かりません、解説願えませんか」

丹羽が言った。

「ちょっと図を書いてみよう」

森村がまた白紙にブロック図を書いた。決められた寸法Lの長さの中に幾つかの四角形が整然と並んだ図だ。大きな四角形と小さな四角形を流れる電流の通路も書き込んだ。

「丹羽君、右側の小さな四角形と左側の大きな四角形、電流がこの図のように流れたとしたら、電流が流れる通路はどちらが長くなるか」

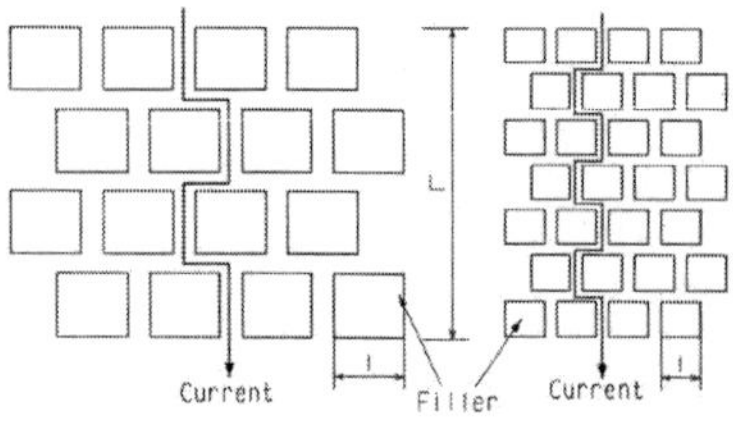

Current Filler Current

「一目瞭然、右側です」

「そうだろう、図を書けば一目瞭然だ」

「なるほど、酒井さん、これがブロック構造ですか」

「ブロックの大きさ、課長が書いた四角形、この四角形をガラスで形成しますから、四角形にはなりませんが、自分が取ったデーターでは大きさに最適値、添加するガラス粒径に最適値があって、たぶん最適値を旨く探せば三デービー以上の防止効果向上、期待できそうです」

ブロック構造を丹念に追求すれば、愛知電装の対策品を凌駕出来る結果が出せる、酒井は込み上げてくる自信に熱くなった。

二週間はあっという間に過ぎた。この二週間酒井はブロック構造構築一本に絞って徹夜も顧みず集中した。限られた寸法の中で如何にして実質の抵抗体を長くするか、最適ブロック構造構築の挑戦である。形状を整えるため大きな粒子と小さな粒子を混在させ、大きい粒子を骨材、小さい粒子を導電材とし高温でプレス、抵抗体をフラットにし、しかもブロック構造に構築しなければならない。

骨材となるガラスがキイであるから、骨材になるガラス含有量の最適値を確かめた。ガラス材料の成分も種々検討した。リチウムバリウムガラスが有効であることも分かった。導電部を担う抵抗材料中に骨材ガラスと同じガラスで粒径の細かいものの添加が有効なことも分かった。そしてついに理想的なブロック構造の抵抗体が完成した。

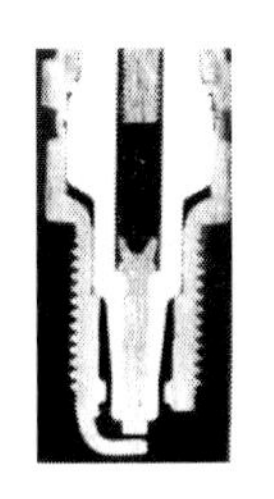

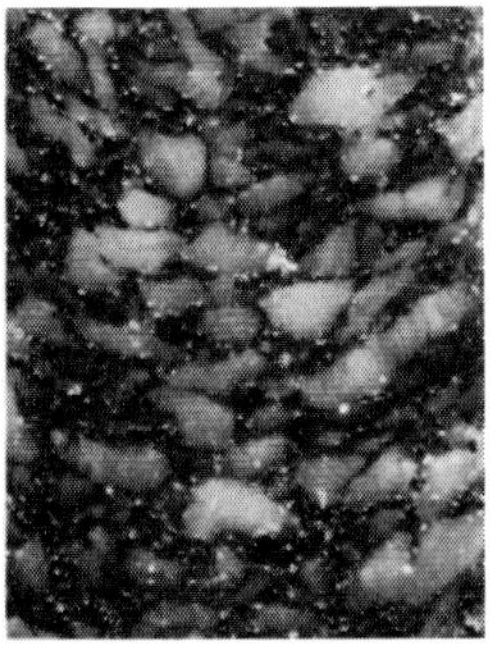

「課長自信作が出来ました」

酒井がＯＨＰで新開発のブロック構造、モノリシック抵抗入りプラグの断面写真を映した。きれいな写真である。

「黒い抵抗体部分をよく見て頂けますと、白い粒々の部分があります。これがブロック構造です」

酒井がＯＨＰに映した抵抗体部分を指さして言った。

「いい形状に見えるが、拡大せんとよく分からん」

「そう言われると思って拡大写真も撮りました。ご覧下さい」

酒井が拡大写真を映した。

「碁盤の眼のようにはなりませんが、ブロック構造に成っています」

酒井が自慢げに言った。確かにこれまでとは違った抵抗体である。

「お見事、流石酒井君、たいしたもんだ」

森村は称賛の声を上げた。

「酒井さん、やりましたね、感激しました」

丹羽も言った。

「この写真の黒い部分が導電部で抵抗体成分、白い部分は骨材ガラス、溶けていますが導電材と混溶、溶けない部分が残って絶縁体となり電流の流れをジグザクにしています」

酒井が元気な声で写真の解説を行った。自信に満ちた清々しい表情を見せた。森村は嬉しかった。喜びが込み上げて来た。

「酒井君、君はすごい、本当に感激した」

「課長が言われたように、やれると確信すれば、出来ることが証明出来ました」

「三デービー改善、三デービー向上、三デービー性能アップ、何回お願いしたかな」

「数え切れません、その都度なんだかんだと、やれたのが不思議です」

酒井が言った。

「やれる、君なら出来る、僕はいつもそう思った。毎日三十種類以上の新材料を調合成形してサンプルを作り、火花耐久試験器で抵抗値変化を観測する、君の命を削る努力の賜物、本当にご苦労様でした」

「毎回、君なら出来ると煽てられて、この五年間、体重が五キロも減りました。それでも毎回毎回目標が与えられて、その目標を達成する達成感は素晴らしい生きがいだと悟りました。こんなにも充実した生きがいを与えて頂いた課長には感謝、感謝です。これでも技術者の端くれ、日々の仕事の中で目標を達成する達成感は楽しいというか、充実した幸福感と言うか、旨く言えませんが、技術者冥利に尽きます。有難いと感謝の気持ちでいっぱいです」

酒井は感慨深げに言った。目は輝いていた。

「自動車から発生する電波雑音を防止する、大義名分を掲げて頑張って来たと思う。自動車全体からしたら、我々が担っている分野はほんの少しだが、酒井君が開発したモノリシック抵抗入りプラグが無ければ自動車は走れない。我々は自動車のほんの一部を照らす存在だが、一部を照らす光が集まれば燦然と輝く天の川となる。掌に乗る小さな部品だが、これらの集合体が自動車だ。我々の出番はこれからも続く、酒井君、そう思わないかね。技術開発に終わりはない」

森村が昔を思い出すように言った。

「自動車の一隅を照らす存在ですか」

酒井が言った。

「一隅を照らす技術者も居ないと車は走れません、頑張りましょう、酒井さん」

丹羽が笑顔で言った。一つの山を登ってもまだ先に幾つも山がある、技術に終着は無い、まだ小山をやっと登ったばかりだと森村は気持ちを新たにしていた。自動車全体からすれば微々たる存在だが、片隅を明々と照らす存在でありたいと思った。

第十七章

雑音防止器の総合メーカー誕生

自動車は三万点にも昇る部品から構成されている。その一つ一つが世界一の品質ならそれらを組み合わせた自動車は世界一の品質を具備している、森村はそう自覚していた。日本の自動車が世界一の高品質である、自分達がその一端を担っていると自負してきた。小さな部品だが、これが無ければ自動車は完成しない。まさに自動車の一隅を照らす存在なのだ。

「森村君、もう限界ですわ、支援願えますか」

鶴舞商会の加藤専務から折り入ってお願いしたい、ご足労願えませんかと電話があった。鶴舞商会は同じ市内だから森村は直ぐに駆けつけた。十年以上も前からの親密な付き合いである。最近は君呼びになった。兄貴か親父さんの貫録である。森村が今日有るのも加藤専務のおかげだと思っていた。

「X社の鈴木主研、森村君、よくご存じの電装品設計、彼にも相談した。凄まじい自動車産業の発展に付いて行けない、どこか探して頂けませんかと」

「合弁会社設立ですか」

森村もよく聞かされていたから、とうとうその日が来たのかと思った。

「君の所におんぶに、だっこ、何とかやって来たが、この先自立は難しそうと判断した」

鶴舞商会が出願する特許の下書き、鶴舞商会がビジネスにしている抵抗入りプラグコードの技術サポート、品質管理など森村グループが全面支援してきた。雑音防止器の総合メーカーを目指す森村のよき師匠でもあったから、森村は労を厭わなかった。

「加藤専務にはどれだけお世話になったか、僕に出来る事なら何でもしますよ」

「有難がとう、君の支援に感謝している」

「僕の上司、技術部長、昨年役員に昇格した後藤にも話をしています。X社の子会社もいいと思いますが、弊社は如何ですか、加藤専務と組めれば最高です」

「X社には恩義がある、特に島田さんにはお世話になった。今でも一番のお客様だから、相談せんといかん」

加藤は森村の問いかけに答えずX社を話題にした。X社抜きでは考えられない合弁話である。この十年、森村は加藤専務と頻繁に行動を共にした。いつもその行動力に驚嘆した。一般サラリーマンの倍は働く、頭の回転も速かった。零細企業の社長さんは皆さんこうかもしれないが、東洋窯業株式会社では見ることが出来無い優れ者だと敬服していた。

「X社の電装部隊に電波雑音測定器一式、運搬車ごと進呈しようかと考えている」

森村が嘗て欲しいと願っていた計測器搬送用車ごと差上げる覚悟のようだ。森村と一緒に出かけてアメリカで購入した思い出の計測器である。あの計測器一式積載した搬送車があれば出張技術サポートに使えると森村も一瞬欲がでた。

「君の所で拾ってくれるかどうか」

「計器一式搭載車のこと」

「何を馬鹿な、合弁だよ」

「失礼しました」

森村は分かっていたが恍けた言い方をした。合弁話など森村に無縁な世界である。どう判断してよいか相談にも乗れないと思ったが、一緒に組めれば有難いと思った。

「弊社の後藤は製造部長の経験もありますし、僕の上司ですが、読書家で前向きに物事を考える技術部長ですが、経営者兼務ですので相談してみようと思いますが、どういたしましょう」

具体的な相談ではなく、森村を呼びつけて自分の心境を話し、その中から自分の考えを纏めたかったようだ。同じ市内のよく知っている森村の会社と合弁できれば、それが最善の方策だと加藤専務も願っているのだろうか。

「それとなく、後藤役員に話してくれるか」

加藤専務が小さな声で言った。


加藤専務の真意が掴めないままであったが、事態は急展開した。鶴舞商会の社長が東洋窯業株式会社社長の村岡と面談して合弁会社設立を決めてしまったからである。鶴舞商会の社長は八十才を超える高齢の女社長だった。加藤専務の母親で、創業社長死去の後社長を引き継がれたようだ。会社の切り盛りは長男の加藤専務が一手に引き受け発展してきた会社であるが、母親と息子の間柄である、いつまでたっても息子は頼りない存在のようで、母親が合弁をあっさり決めてしまった。

新会社の社名は両社の名前の一字を取って窯舞技研株式会社となった。新工場建設も決まった。驚いたことに新会社の社長は森村の上司後藤役員が就任した。加藤専務は副社長、森村と鶴舞商会の女社長が役員となった。後藤も森村も兼務であったから実質の社長は加藤副社長である。新工場が稼働するまで鶴舞商会の工場をそのまま使って生産対応することになったから、社名変更の表札が変わるぐらいで表向きは同じだった。

「加藤副社長、お早うございます」

社名が変わっただけの鶴舞商会福江工場事務所を訪れた森村が大きな声で挨拶した。

「森村君、宜しく頼む」

「僕の方こそ、加藤さんと名実共に仕事が出来る、大変喜んで居ります」

森村は素直に頭を下げた。

「迷っていてね、決断力が無くて、母親からどやされてね、自分の力だけでやれそうな気持もあったから」

大が小を飲み込む形になり、一国一城の主から城を明け渡す敗者の大将である。心中穏やかでは無いだろうと思った。東洋窯業株式会社から総務経理担当者、副工場長待遇の課長級二人が出向となり、新会社全般を掌握する体制となった。

「ボッシュ製プラグキャップのイミテーションから始めたキャップ製造、もう二十年になるかな、そろそろ引退の時期かもね」

　森村の元気さとは裏腹に寂しそうだった。急にやつれた老人の顔になった。やはり一国一城の主で居たかったようだ。森村ははっとなった。いつも元気な加藤専務と大違いな、しょぼくれた老人がそこにいた。

「森村さん、こちらに出向になった湯浅です。宜しくお願い致します」

　本社製造部組立課課長の湯浅が頭を下げた。森村より十歳は年長だが、ここでは森村の配下であった。

「大村君から勉強中ですね、頑張って下さい」

　新副社長加藤が言った。大村は鶴舞商会の工場を切り盛りしていた。製造、生産技術、開発、工場人事全てを担当していた。町工場の番頭さん的社長補佐である。中学を卒業すると同時に鶴舞商会に入社、三十年以上勤務の何でも知っている鶴舞商会の生き字引である。加藤専務の信任も厚く、プラグキャップビジネスを先導して来た功労者である。彼も東洋窯業出向者の湯浅に遠慮がちにみえた。

「大村工場長にはキャップの初歩の初歩から教えて頂いた僕の師匠です」

　森村が湯浅に向かって言った。大村を工場長と呼んだ。大村が居なかったら恐らく現在の鶴舞商会は存在しなかったと、森村は鶴舞商会と付き合うようになって大村を高く評価していた。彼が意欲消失したら合弁の価値が半減する、そうならないようにと願う気持ちになった。加藤の憔悴した表情は何を語っているのだろうか、気がかりがまた一つ加算された。

「お早う御座います。新会社窯舞技研株式会社第一回工場長会議を開催致します」

　いろいろな思惑はあるが新会社副社長加藤、新会社工場長大村、新会社出向副工場長待遇湯浅、それに森村の四人が顔を合わせ、森村が口火を切った。そして森村は用意してきたプラグケーブルとキャップの写真を会議室の壁に張り付けた。

「僭越ですが、進行役を務めさせて頂きます」

森村が大きく写ったプラグケーブルとプラグキャップの絵図を壁に貼り付けると、三人に向かって言った。

「いつか自動車から発生する電波雑音を防止する防止器の総合メーカーになる、その夢が今日ここに実現しました。有難う御座います。心から

御礼申し上げます。自動車から発生する電波雑音を防止すると大義名分を掲げて頑張って来ました。皆さんもよくご承知ですが、自動車から発生する電波雑音の根源は点火プラグの火花放電です。発生源の点火プラグ、イグニションコイルの高電圧を点火プラグに接続するプラグキャップ、同じくイグニションコイルから点火プラグへ高電圧を配電するプラグコード、これ等全てに抵抗を入れれば電波雑音を防止する防止器になります。我々は今日から防止器の総合メーカーとして世界中のエンジン製作者に高性能な防止器を提供して行きたいと思います。」

森村は感情が高ぶっていた。出過ぎた発言だと分かっていたが、止められなかった。自分の夢が大きく羽ばたき具体的な進展が始まったと歓喜の気持が漲っていた。

「防止器について、まったくのど素人、大村さん、ご指導宜しくお願い申し上げます」

湯浅が立ち上がって頭を下げた。

「加藤専務からもお言葉を頂ければ」

森村は呼びなれている加藤専務と言った。森村の師匠である。アメリカまで計測器を買いに出かけた同じ思いを持つ仲間でもあった。

「森村君、宜しく頼む」

加藤は座ったまま小さな声で言った。自分の出番はここまでだと感じられる発言だった。

「森村さんが言われたように、我々の防止器を世界中に売れる体制、それが出来たと喜んでいます。東洋窯業の皆さんのお力をお借りして、防止器の生産に邁進したいと思います。宜しくお願い致します」

大村が立ち上がって発言した。笑顔だった。町工場の番頭さんから大企業の工場長に躍進した感情が現れていた。

「工場のことは大村さんが頼りです。これまで以上のご活躍をお願いします」

森村が発言した。森村は言い始めてしまったと思った。まるで新会社の社長のような言い方だった。新会社の実質の社長は加藤副社長だったから、また出過ぎたと思った。

「加藤副社長、ご高説をお願いします」

出過ぎた自分を恥じながら加藤に振った。新会社の副社長である。よく喋る加藤から新会社のビジョンを話して欲しかった。

「森村君、僕は特に何もないよ」

加藤は相変わらず無表情で冷めた言い方をした。戦いに負けて城を明け渡した敗者の表情を再びみせた。森村は困惑した。彼が望んだ事だったはずなのに、いざ蓋を開けてみれば思うようにならなかった現実に意欲消失なのだろうか、自分中心で動くものと思っておられたのだろうか、森村はどう対処したら良いのか不安になった。

「ちょっと失礼します」

大村が立ち上がり用意していたポスターのような大きな厚紙を壁に貼り付けた。鶴舞商会の防止器と東洋窯業株式会社製の点火プラグが組み合わさった写真だった。

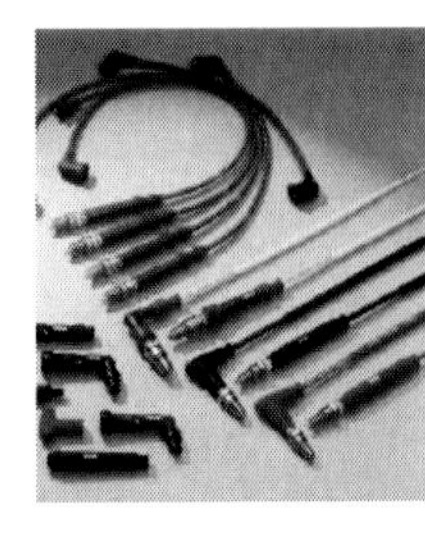

「鶴舞商会の防止器と東洋窯業さんの点火プラグが合体しました。二つが合体することでより優れた防止器になります。この二つが研鑽し努力すれば合体の成果は五倍、いや十倍以上です。森村さん、僕は全力投球頑張ります」

大村が貼り付けた点火プラグと合体した防止器の写真を指さして言った。予想もしなかった大村の行動に森村は驚いた。大村は心底この合弁新会社設立を喜んでいるようだった。はたから見ていると大村と加藤専務は最高のコンビに見えた。だが内情はひたすら大村が自分の感情を抑えて仕えてきたのだったかもしれない。それがいま解き放され、自由な空気を一杯吸い込んだ開放感に胸が躍っているかもしれない。人の感情は複雑に交差する。

「大村さん、点火プラグはモノリシック抵抗入りプラグですよね」

森村も立ち上がって言った。加藤専務の時代は終わったと思った。これから大村の時代が始まる。森村は全身から溢れる躍動感に嬉しさが合体した。時代はどんどん進化して行く。

第十八章

防止器総合メーカー目指す

名古屋から東名高速道路を東に向かうと浜名湖サービスエリアに至る。サービスエリアの多くは登りと下り両側にあるがここ浜名湖サービスエリアは一か所である。写真のように浜名湖サービスエリアは浜名湖を眼下に見渡せる小高い丘の上に設営されている。

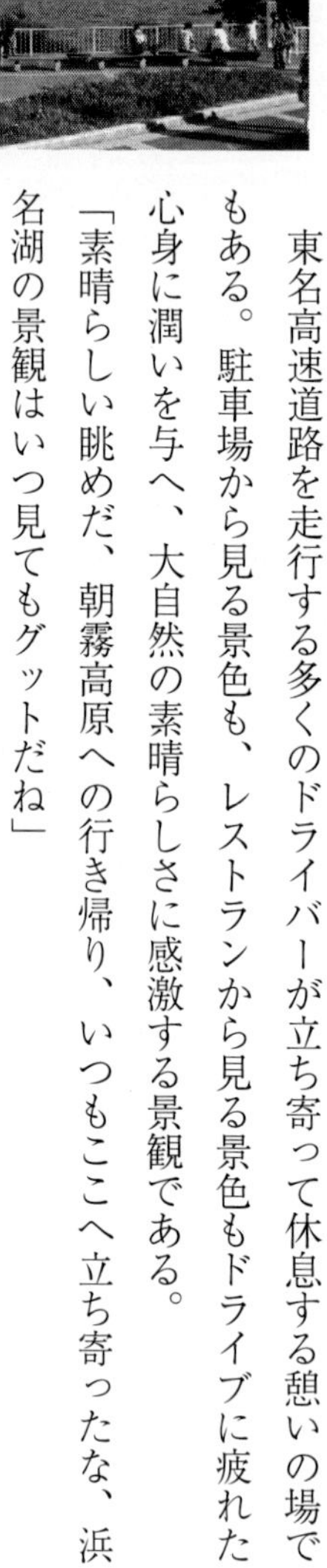

東名高速道路を走行する多くのドライバーが立ち寄って休息する憩いの場でもある。駐車場から見る景色も、レストランから見る景色もドライブに疲れた心身に潤いを与へ、大自然の素晴らしさに感激する景観である。

「素晴らしい眺めだ、朝霧高原への行き帰り、いつもここへ立ち寄ったな、浜名湖の景観はいつ見てもグットだね」

森村が丹羽に向かって言った。自前の電波雑音測定試験場を持ったから、東名高速道路を走る必要もなくなった。

「久しぶりです、課長とこの景色を見るのは、修善寺にも行きましたから、懐かしいなあ、この眺め」

丹羽も嬉しそうだった。

「浜北工業さんとのアポイントは午後一時半、ちょっと早いが昼食にしようか」

「レストランからの眺めも最高、食が進みます」

二人が浜名湖サービスエリアに立ち寄ったのは浜松にある浜北工業株式会社へプラグコードの打ち合わせに行く用があったからだ。鶴舞商会時代から抵抗入りプラグコード購入先は浜北工業だった。森村の会社がコイル状の発熱線を浜北工業に外注していて、その流れでプラグコードも浜北工業に生産委託していた。

東洋窯業株式会社が鶴舞商会へ加工を依頼していた抵抗入りプラグコードの全数が浜北工業製であった。各種の電線製造を手掛けていた浜北工業は一九三〇年代の創業で浜松での老舗である。合弁で窯舞技研が誕生、海外へ販路も拡大、電波雑音防止器の総合メーカーとして本格的な始動が始まった、その挨拶も兼ねていた。

「ブラジル東洋窯業から十万メートルのオーダーが入ったそうですが、大丈夫ですか」

レストランで食事をしながら丹羽が言った。

「鶴舞商会で三ヶ月、大村工場長直々指導を受けた浅井君が向こうにいるから安心している」

「そうでしたね、彼とは時々電波雑音の測定にも一緒でした」

東洋窯業株式会社は早くからブラジルに製造会社を設立、点火プラグやタイルなどの窯業製品を生産販売していた。このブラジルでプラグコードの製造販売も始まっていた。ブラジル東洋窯業社員が頑張った成果が実ったのか、日本から出向した出向者が頑張ったのか、その両者かもしれないが、ブラジルでも電波雑音を防止する防止器が売れるようになった。

「工場長もよくご存知のごとく、自動車から発生する電波雑音を防止する為、プラグコードに抵抗体を挿入した抵抗入りプラグコードが標準装備になりました。弊社と鶴舞商会が合弁で窯舞技研株式会社を設立、ご覧のようなプラグコードアッシーの本格的なビジネスを開始しました。特にブラジルではフォルクスワーゲン社やフォード車のOEM納入も始まりました。

自動車のエンジンルーム、この写真のようにプラグコードが目に入ります。この写真のプラグコードアッシーは弊社の製品です。勿論プラグコードは貴社浜北製です。弊社のプラグコードアッシーは補修用市場で販売していまして、自動車メーカー直納は在りません。今回ブラジルから大量のオーダーが入りましたので、ご挨拶致したく参上しました」

浜北工業会議室で森村が最初に発言した。事前にOHPなど器材の準備を連絡していたので、プラグコードアッシーとエンジンルームの写真を映し、訪問の要旨を述べた。浜北工業側は本社工場長、伊藤技術開発部長、営業部長が対座した。

「東洋窯業株式会社様には多方面に渡り弊社とお取引願いご厚情有難く、心より御礼申し上げます」

営業部長の田原が丁重に挨拶した。

「森村さんがバリアブルピッチ巻線コードの試作品を作れと御出でに

なってからもう十年になります。弊社副社長の発案で私が試作品を作りました」

浜北本社工場長鈴木が発言した。

「巻線タイプはフランス製が有名ですが国産も数社あり、まあ後発ですから何か他社と違った特徴を出したいと、それで巻線のピッチを均一巻から粗密にしようと、八十から九十メガサイクルのＦＭラジオに入る雑音を除去、キャッチフレーズは良かったと思いますが、どうやって商品化するか、浜北工業さんのおかげです」

イグニッションコイルで発生した高電圧を点火プラグへ配電する高圧ケーブルは銅線だった。一般的な電線はほぼ一〇〇％銅線である。だから高圧ケーブルも当然銅線である。点火プラグの火花放電時流れる放電電流はこの銅線を流れるから、電波雑音が発生する。電波雑音に関与していれば、この銅線を抵抗電線にしたら、ここを流れる火花放電電流はこの抵抗成分で抑制されると容易に気が付く。配電の為に使用するケーブルが電波雑音を防止する防止器になるからグッドアイデアである。

森村達が防止器の総合メーカーを目指して活動を開始した直後から、高圧ケーブルに抵抗を持たせた抵抗入りプラグコードは重要な防止器の一つになっていた。勿論この時期多くの電線メーカーが抵抗入りプラグコードを商品化、自動車メーカーに納入していた。完全に後発である。他社と違う特徴を出す必要があった。均一巻からバリアブルピッチのアイデアが浮かんだ。

「よし、これを商品化しよう」

森村達が最初に商品化を目指したのは固有抵抗の高い金属細線をコイル状に巻いた巻線タイプ、均一巻からバリアブルピッチと差別化商品である。如何にも電気屋が考えるインダクタンス成分を加味したインピーダンス型、電気屋的発想の商品だった。

「皆さん、よくご存じの抵抗入りプラグコードの構造です」

丹羽が立ち上がってＯＨＰで抵抗入りプラグコード二種類の構造図を映した。何時も持ち歩いている資料である。

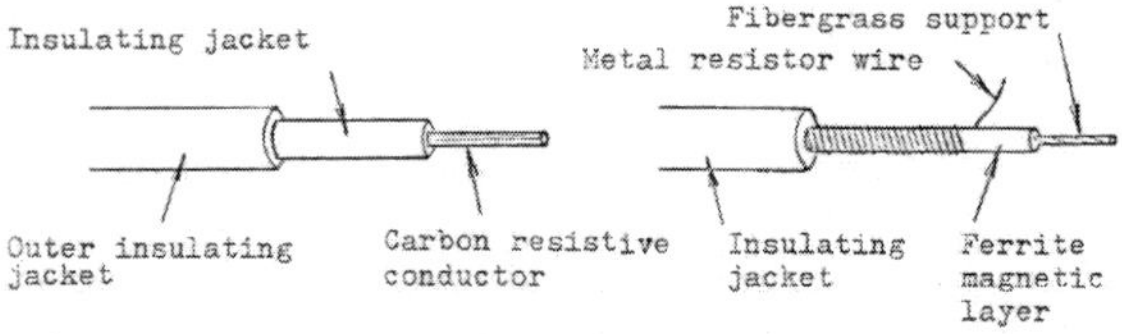

「森村がお話した弊社最初の抵抗入りプラグコードは右側の巻線タイプでした。昨今森村の指示で資料は全て英語表示にしていまして、すいません。私もこの開発にタッチしていましたから共有したいと思いまして表示しました」

丹羽が遠慮がちに言った。

「私達と浜北工業さんとの最初の接点でしたので思い入れが深い巻線タイプの防止器、抵抗値が小さくても高い防止効果がありますから理想的な防止器です」

丹羽が続けて発言した

「問題は価格ですね、鈴木工場長、如何ですか、コスト低減は」

森村が言った。

「丹羽さんが映され左側の図、抵抗紐タイプと呼んでいますが、カーボン系の溶剤を含浸させて抵抗導体とした紐タイプ、国内の自動車メーカーさんはほぼ全社この紐タイプを採用されています。これに対して巻線形はニクロム細線を磁性材紐に巻き付けて製作しますからどうしても製造原価が高くなりますね」

「やはり価格ですね」

「紐タイプは森村さん得意な防止効果もまあ有りますし、耐久性能も十分確保できていますから、米車もこのタイプです」

「ブラジルの自動車メーカー直納が始まったそうでおめでとう御座います。性能、品質面、これまで以上間違いない製品お納めさせて頂きます」

伊藤技術開発部長が突然発言した。森村はびっくりして、視線を伊藤部長に振った。

「伊藤さん、有難うございます。ブラジル向けは抵抗紐タイプですので宜しくお願い致します。フォルクスワーゲン社も紐タイプで承認取りましたし、フォード車はオリジナルが紐タイプでしたからすんなりです。巻線タイプですと少しは意見も言えますが、紐タイプですと」

「ブラックボックス、弊社では浜北工業さんの技術にオンブにダッコですから、宜しくお願いします」

森村は笑いながら言った。現に全面委託、コードの設計から製法までノータッチだ。森村も丹羽もプラグコードの構造、素材、製法など意見を言える知識も経験もなかった。

「このデーターは過日開発部長さんにお願いして試作して頂いた紐タイプ、結果の一部です」

丹羽がそう言ってＯＨＰを映した。抵抗入りプラグコードの防止効果を表す測定結果である。こういう分野は得意だ。

「シンクロスコープでプラグコードに流れる放電電流を測定した結果です。一メートル当たり一キロオームから七・五キロオームまで抵抗値と放電電流の関係を測定しました。抵抗値が大きいほど電流値は小さくなっています。紐タイプでも電流値は確実に抑制されています」

丹羽がＯＨＰを指さしながら説明した。

「電波雑音はこの放電電流が発生源ですから、電流が小さくなれば低減します。紐タイプの抵抗入りプラグコードでも十分防止効果がある証明です。紐タイプと巻線タイプの両方、お客様の要望に合わせ販路拡大させて頂きます」

森村が発言した。ブラジルからの大口発注は全て紐タイプ、廉価な紐タイプに人気があった。

「やはり価格ですか」

鈴木工場長が言った。

「ブラジルは別ですが、日本国内や米国では抵抗入りプラグと抵抗入りプラグコードを組み合わせて使いますから、防止効果的には紐タイプで十分です。点火プラグの点火性能も向上しましたから、抵抗成分で消失する火花エネルギ減少分をカバー出来るようです」

森村の得意な分野である。幾らでも発言出来た。

「紐タイプでも十分と聞き取れますが、巻線タイプは不要ですか」

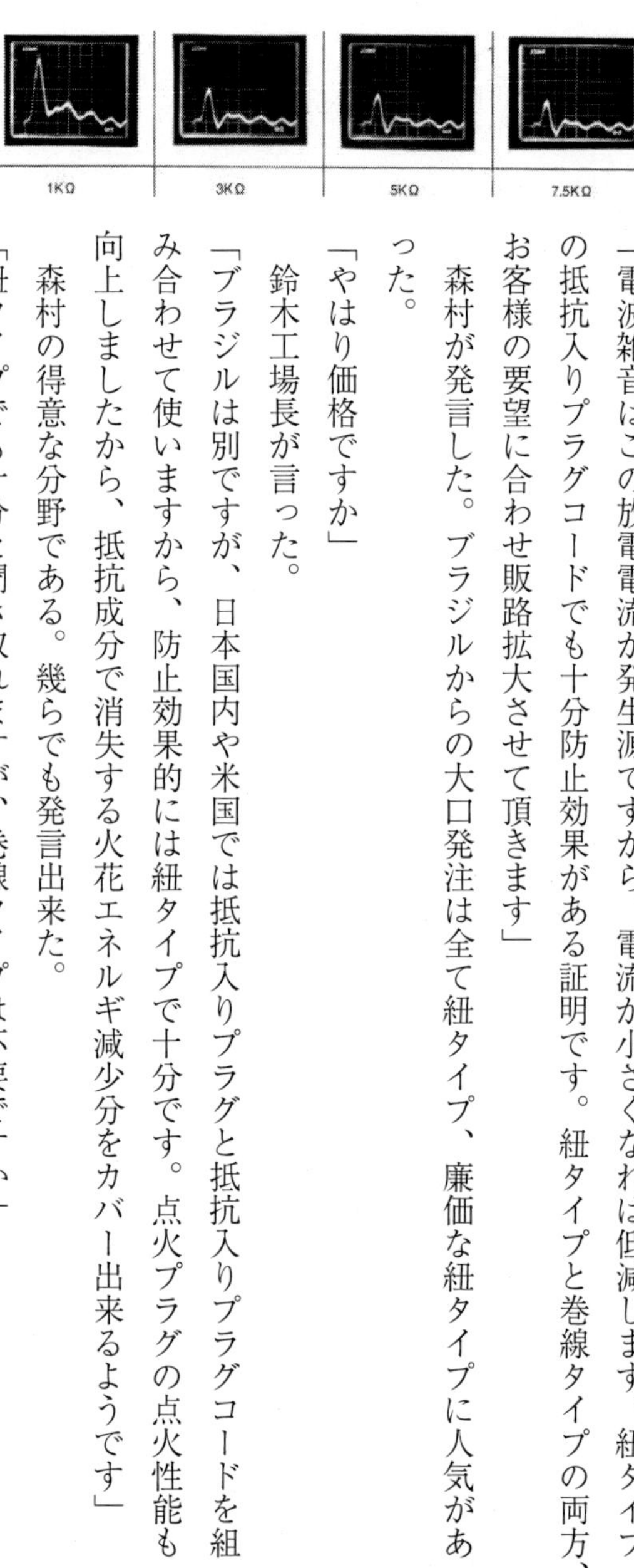

伊藤開発部長が心配そうに言った。

「伊藤さん、そんなことは在りません。巻線タイプは抵抗値が一キロオーム以下でもインダクタンス成分付加で十分な効果があり、電気屋的発想からすれば理想的な防止手法です」

「やはり価格ですか」

伊藤も工場長と同じことを言った。

「紐タイプと同じ価格で提供頂けますか」

丹羽が口をはさんだ。

「開発部長、やれますか」

鈴木工場長が伊藤に振った。

「無理ですね、第一材料費が違います」

「製造工程も複雑ですから、大量生産に向いていていません」

鈴木工場長も巻線タイプの高価な理由を口にした。

「電波障害を撲滅する、世界中から、富める国は勿論、貧しい国でも、世界中から電波雑音を排除する、我々の目標です。巻線タイプは理想的な雑防コードですが、紐タイプで十分効果があります。廉価であれば普及します。廉価な紐タイプとモノリシック抵抗入りプラグを組み合わせて、世界中から電波雑音を排除出来そうです」

森村が言った。

自動車から発生する電波雑音を防止する、会社という組織の中で自ら目標を立て、その実現に邁進する、恵まれた技術者しか許されない世界だ。森村は多くの人の力を得て、自分の夢が結実する恵まれた境遇に感謝したい気持ちになった。

「森村課長、後で工場見学して頂きますが、紐タイプの抵抗入りプラグコードの製造ラインです」

鈴木工場長がＯＨＰで延長一〇〇メートルにもなる加硫工程の写真を映して説明した。森村も見た光景である。森村が浜北工業と関わるようになって、初めての工場見学、ゴムの加工も独特な技術が必要だと思った。

「広い工場の中に一ラインだけありましたから、分かり易かった記憶があります。写真では何台も稼働、活気がありますね」

森村が以前の工場見学を思い出しながら言った。

「森村さん正面に写っているパイプ状の加硫筒、電線メーカー独特のゴムを丈夫にする装置、高温の蒸気が流れています。夏場は暑くて、冷房効きません」

「我々の職場にも焼成窯がありますが、まったく違った設備ですね、餅は餅屋と言いますからゴムは浜北さんにお任せします」

抵抗入りプラグコードも紐タイプが主流になった今森村達の出番はなかった。品質と価格面で世界と戦える製品であってほしいと願うばかりであった。

「抵抗入りプラグコードは三万ボルト以上の高い電圧が加わりますので、絶縁ジャケットに気泡など生じないよう緻密になるよう加硫します。ゴム屋の技術で一番大切な工程です」

伊藤開発部長が発言した。自信ありそうな表情だった。

「先ほども申し上げましたが、縁あって電波雑音防止技術に携わって来ました。世界で一番防止効果の高いモノリシック抵抗入りプラグを開発商品化しました。二輪車などに使う抵抗入りキャップ、窯舞技研誕生でどんな種類の雑防キャップ製造も可能になりました。残るは抵抗入りプラグコード、今回浜北工業さんから世界に流通する紐タイプの抵抗入りプラグコード、自信作を供給頂けると確信致しました。これで点火系から発生する電波雑音を防止する防止器はすべて整いました。有難うございました。これらの防止器を世界中に広め自動車から発生する電波雑音を排除致します。浜北工業の皆さん、世界に誇れる抵抗入りプラグコードを、防止効果が高く高品質、加えて廉価なプラグコードを宜しくお願い申し上げます」

森村が立ち上がった。演説口調になった。

第十九章
社長表彰

もう随分昔の出来事のように思える。森村が入社二年目に出会った自動車から発生する電波障害の委員会、出会いは東京営業所所長代理出席だった。文系の所長に先を見る眼力が在ったのか其れとも技術部長に将来のビジョンがあったのか、森村が創めた電波雑音を防止する防止器のビジネスは東洋窯業株式会社に根をおろし太い幹となった。

電波を管理監督する省は郵政省である。一八八八年、ヘルツが火花放電の実験中に電波の存在を発見、以来電波を情報伝達の媒体に使えないかと科学者や研究者が奔走、若干二十一歳のマルコーニが世界で初めて一・五キロメートルの通信に成功する。電線を使わずに電気信号の伝達に成功する、時一八九五年。

イギリスの豪華客船タイタニック号が氷山に衝突して沈没したのは一九一二年、広い海の上では情報伝達の手段は電波しかありません。マルコーニが発明商品化した無線機は豪華客船に装備されていた。救援のモールス信号ＳＯＳ電波が発せられる。だが悲しいことに近くにいた船は無線機を装備しておらず、遠くの船が受信して駆けつけるが間に合わず、氷の海にタイタニック号は沈没、歴史に残る海難事故となった。

この事故を境に大型船には無線機の装備が法律で定まり、人々の意識にも有用な電波の存在が認識される。海の上の事故は誰も気づかない。よほど近くにいない限り、氷の海に沈む地獄が訪れても助けが来ることはない。

近くにタイタニック号のSOSを受信できる船がいたら、氷の海に投げ出されて凍死する悲劇も半減したはずだ。この世で命ほど大事なものはない。時には命をも救える電波、人間が生み出した素晴らしい宝である。

電波は海難事故救援ばかりでなく多くの人たちに楽しい娯楽を同時に送ることができる。テレビ放送がその最たるものだ。ラジオ放送に比べテレビ放送は複雑で技術レベルが高く、放送を始めるにあたって関係者は多方面に円滑なテレビ放送開始の支援を依頼、その中の一つがテレビに入る妨害電波低減である。初めての事業である、どれほどの難問があるか分からない。電波を管理監督する郵政省の技官が妨害電波を心配した。

テレビに入る妨害電波の発生源は鉄道、航空、運輸、製造工場、送電など電力、雷などの自然界と多義に渡る。郵政省が音頭を取って発足した一つが、自動車から発生する電波障害防止研究委員会である。後にこの研究委員会は自動車工業会、自動車技術会、小型部品工業会など、それぞれ独自の妨害電波防止委員会が設立され、自動車から発生する電波障害防止の取り組みが始まった。

いずれの委員会も会合場所は東京、森村がこの委員会に出席する頃には、NHK研究所研究者らが妨害の実態など明らかにしていた。

テレビに入る電波雑音は画面にポツポツと白い点が左から右へ線のように動き、画面が上下に振動して画質を悪くする。白いぼつぼつの線は左から右へ移動するから、美人のアナウンサーの笑顔も台無しになる妨害だ。走査線が左から右へ移動するから、この走査線上に現れる。

テレビのアンテナは建物の屋根など外に設置されるから、このアンテナの近くを自動車が走行するとこのようなテレビ障害が心配され、郵政省技官らも自動車に関心が高かったと森村も分科会長島田から聞いていた。テレビ放送開始にあたって自動車業界にも電波障害防止の機運が高まっていた。

森村はその渦中にいた。電波は人間社会が生み出した貴重な財産である。大切に使わなければならない。妨害するものがあれば排除は当然である。排除を大義名分に掲げて電波雑音を防止する防止器を開発、商品化してビジネスにすれば、会社の売上増になり収益の向上が期待できる。なにしろ発生源は自社主力製品の点火プラグである。森村の胸中に電波雑音を防止する防止器の総合メーカーになる思いが芽生え始めていた。

自動車から発生する妨害電波はそのほとんどが点火系から発生する。妨害電波が発生するメカニズムは点火プラグの火花放電時流れる放電電流である。この放電電流を小さくすれば妨害電波も小さくなる。この相関関係を森村は早くから明らかにしていた。火花放電時に流れる容量放電電流を詳細に観測、測定して明らかにしていたからである。原因が分かれば対策は容易である。電気屋なら誰でも知っている抵抗体の挿入である。点火プラグの火花ギャップと直列に抵抗体を挿入すれば電流の流れが抑制され、妨害電波の発生が減少する。
「丹羽君、抵抗入りプラグの開発だ」
「森村主任、抵抗入りプラグって、ありますよ」

「カートリッジタイプだろう、あれは駄目だ。僕が電波障害の委員会に出席して得な情報を集約すると近々各社からわっと注文が入る。カートリッジタイプでは対応できない」

「そう言われても、接合製法が異なりますから」

「モノリシック抵抗入りプラグを開発しよう」

森村と丹羽がそんな会話をしていた頃から既に十年余の歳月が流れていた。


「R社のヨーロッパ向け輸出車は全機種抵抗入りプラグに決まりました。生産対応は大丈夫ですか」

東京営業所所長が立ち上がって発言した。東京、大阪、名古屋、広島各営業所所長、海外販売部長、国内販売部長を交えた定例の販売本部長会議である。議長は上座に座った常務取締役営業本部長、何故かこの販売会議に森村も特別参加で末席に座っていた。

「Z社からアメリカ向けにも拡大すると連絡がありました。欧州向け純正部品調達からも注文がきました。名古屋営業所も生産対応、技術承認作業大丈夫か、本社の対応心配しております」

名古屋営業所所長も直立姿勢で本部長に報告事項と発言した。

「大阪営業所ですが、軽自動車に採用するとD社から電話連絡がありました」

大阪営業所の所長も直立姿勢で発言した。

「広島営業所はどうかね」

営業本部長が質問した。

「広島営業所管内の東洋さんは先月も報告しましたように欧州向けの納入が始まっております」

広島営業所所長も立ち上がって回答した。

「欧州向け新車組み付けはほぼ全社抵抗入りプラグになりましたから、補修市場向けも期待できます。海外販売部としてはパッケージも一新して抵抗入りプラグ拡販キャンペーンをドイツ法人で計画中です」

海外販売部長が同じく直立姿勢で本部長に向かって発言した。ほんの少し前まで赤字垂れ流しの極悪商品だと散々貶していた海外部長の発言である。身の変わりが早いのか、形勢を読んでの発言か森村は嫌悪感を隠せなかった。

「先週R社の中央研究所から防止効果の高い抵抗入りプラグの引き合いがありました。訪問して詳細を伺ったところ高性能な電子機器を搭載、車両の操舵性を向上する計画があるようで、この電子機器に入るノイズ低減に高性能な抵抗入りプラグが有効だと話がありました。抵抗紐タイプの防止器を装着していますが不十分だそうです」

東京営業所所長が座ったまま発言した。

「国内の車にも採用する、そういう話かね」

本部長が発言した。

「そうです。近い将来国内向けもプラグは抵抗入りだそうです」

「X社も同じような話があります。フランス製の巻線タイプの抵抗入りプラグコードを採用していますが、クレームが多いのと、抵抗入りプラグの方が、防止効果が高いようで、引き合いがあります」

東京営業所所長が続けて発言した。

「X社の二輪車は以前から欧州向けは全機種抵抗入りプラグ採用ですので、二輪車で実績があり、四輪車にも拡大だと思います」

名古屋営業所所長が発言した。

「X社は輸出用の発電機、農機具、汎用エンジンにも抵抗入りプラグを採用していますし、汎用アメリカ向けも検討されています。実績は十分ありますから四輪車への拡大は間違いないと思います」

東京営業所所長はX社にも精通しているのでX社が四輪車にも抵抗入りプラグが採用されたと強調した。森村は心地よい各所営業所長報告を聞いて充実した気持ちになった。名古屋営業所の所長から嫌味を言われたことなど忘れていた。

「Z社のヨーロッパ向け限定とは言え純正部品に承認された成果は大きい。長年社長の夢が海外関係者の努力で実現した。私からもお礼を申し上げる。販売本部長として社長からお褒めの言葉を頂いた。営業幹部の皆さんのお蔭だと思っている。これからも新商品を積極的に取り上げ拡販努力願いたい」

本部長が発言した。本部長は海外販売部長以上に抵抗入りプラグ拡販に消極的だった。消極的反対ではなく明らかに反対の立場だった。森村はその豹変ぶりに驚いた。彼もこの先一般プラグから抵抗入りプラグに市場が大きく変わると読んだようだ。

「皆さんの報告を聞いていますと、一般プラグから抵抗入りに市場が変わると聞こえますが、市販市場もそうなると思われますか、本部長如何ですか」

本社販売部長が発言した。パーツ市場が主な担当である。

「何年前だったたか、森村君から抵抗入りプラグの時代が来ると聞いた。僕は正直なところ原価率の悪い抵抗入りに反対だった。利益が出る商品の販売が大事だからだ。儲かるようになったら持って来いと言った。今でもその気持ちは変わっていない。」

本部長がゆっくりした口調で言った。

「本部長と同じく私も反対した。利益追求こそが営業マンの本筋、赤字垂れ流しの新商品に興味がない。しかし時代の流れに逆行は許されない。本部長、そういうことですね」

海外販売部長も座ったまま本部長を見ながら発言した。

「東京営業所はR社やX社の新車組み付け用OEMビジネスも担当しています。OEMビジネスは極めて重要です。お客様が求められる物をジャストインタイムの出荷、しかも廉価な価格で納入する。本部長、そうですね、この先抵抗入りプラグに商品が変わった時、ジャストインタイムで我が社の対応は可能ですか」

手を挙げた営業所長がいた。

「広島営業所ですが、抵抗入りプラグの生産対応は大丈夫か、心配しています」

「少しでも納期が遅れればライバル社に持って行かれます」

名古屋営業所所長が同じような発言をした。

「時代の変わり目ですから、あまり利益に拘わらず客先優先が大事だと思います」

大阪営業所所長が発言した。

「特別参加の森村君、君の所見を聞こう」

漸く森村に発言の機会が訪れた。本部長はむっつりした表情で森村を指名した。

「発言の機会を頂き有難うございます。抵抗入りプラグの販売にご尽力頂き心より御礼申し上げます。営業トップの皆さんのご努力によって販売数量も増大しました。有難うご座いました」

森村は喜びが隠し切れず笑顔になった。あれほど強力に反対した営業本部長もいち早く商品化に成功した技術陣を評価しているようだ。ビジネスは結果が全てである。客先が求める商品の販売が順調に進展していれば営業部門の評価も上がる。他社より一歩先んじた先見性も営業力と成るからだ。

「森村君、所長連中がメーカーの要望に応じきれるか心配しているが、どうだね」

森村が抵抗入りプラグのビジネスモデルを論理的に語ろうとしていたが、森村の発言を遮って販売本部長が発言した。

「メーカー対応は問題ありません」

森村がはっきり回答した。

「森村君は技術担当だが、製造部門も大丈夫かね」

東京営業所所長が質問した。

「山田製造部長さんが頑張っておられますので心配ありません」

「他社より先んじて商品化してくれたのは嬉しいが、収益率が悪すぎる、本音のところ名古屋営業所は一般プラグの方を歓迎したい。製造コストは下がるかね」

広島営業所長が手を挙げた。

「赤字商品の拡販に気乗りしません」

「そうだ。そうだ」

各所の営業所長が合唱するがごとく声を合わせた。森村は唖然とした。ライバル社より先んじて商品化に成功した技術力を評価すると皆さん声を合わせたのに、自分の耳が壊れたのかと驚愕した。それがなんだ、赤字商品垂れ流しは許せんだと。

「生産数量が今の倍に成ればコスト低減は可能、現状抵抗入りプラグの数量は一般プラグの三パーセント弱、これからの商品です。ご理解下さい」

森村は努めて冷静になろうとしたが、顔色が変わった。腹が立った。大声で罵倒したい感情がどくどく全身を覆った。

「立ち上がりはどんな新商品も赤字なんだ、営業のトップになっても、そんなこともわからんのか」

言葉を飲み込んだ。怒りに任せて、ここで大声を出し、わめき散らしたらこれまでの努力が泡と消える。森村は歯を食いしばった。営業には営業の立場がある。赤字商品など販売したくないんだ、それにしても先を見る営業戦略の欠場だ。目先だけの利益にとらわれず、将来構想を描くのも営業活動ではないか。


暮れの十二月に東洋窯業株式会社は会社創立記念行事が行われる。勤続皆勤賞、改善提案賞、特許考案賞、など創立記念日に幾つか社員の表彰が行われる。僅かであるが金一封と表彰状の授与がある。これら以外に社長表彰がある。社長表彰は三年か五年に一回顕著な功績があった社員を表彰するもので、毎年十二月に入ると話題になる。

社長表彰を受けた社員は間違いなく次の昇進選考会で一階級昇進が約束されている。これまでの経過を見ると社長表彰を受けた社員は全員昇進の実績があり、誰もが昇進の近道だと思うようになっていた。それだけ価値のある賞である。

東洋窯業株式会社の社員なら一度でいいから社長表彰を受けたい、全社員がそう夢見てもおかしくない特別賞なのだ。十一月に入ると今年は社長表彰があるのか、もしあるとすると誰が選ばれるのか、話題になる社長表彰である。

東洋窯業では毎月月末に社内報が発刊されている。数ページの小冊であるが十二月号に表彰者と社長のインタビューが掲載される。社内報発行日程に間に合うよう、インタビューは創立記念日よりかなり前日に行われる。だから表彰者はインタビューの連絡を受けた時点で明らかになる。もう五年も社長表彰者がないので、今年は必ずあると話題沸騰だった。

小雪がちらちら急に寒くなった十二月のある日、森村の机の電話が鳴った。

「もしもし、森村課長さんですか、秘書の加藤ですが」

「はい、森村です」

秘書室からめったに電話が入らないので森村は怪訝な声をだした。

「十二月十日午前十時から社長さんとのインタビューが決まりました。ご都合よろしいですか」

「社長さんとのインタビューですか」

森村はドキッとした。

「社長表彰だと思います」

「ええ、社長表彰、私が、ですか」

「昨日の役員会で決まったそうです。おめでとう御座います。」

「ええ、私が、ですか」

「十日の午後三時、秘書室に御出で下さい。役員応接室で行います」

「承知しました。有難う御座いました」

「おめでとう御座います、十日ですよ」

「有難う御座います。十日十時お伺いします」

森村はそう言って電話を切った。小雪がちらつく寒い日なのに受話器を持った右手が汗ばんだ。どっくん、どっくん、心臓の鼓動が聞こえた。顔がほてって熱くなった。

「社長表彰だ、社長表彰の授与」

森村は言葉に出した。全身から喜びが湧き上がって来た。

「丹羽君、酒井君を呼んできてくれんか」

森村の前の席に座っている丹羽に言った。程なく酒井が駆けつけてきた。

「丹羽君も一緒に会議室に来てくれんか」

「どうかされましたか」

丹羽が心配そうに言った。

「社長表彰が決まった」

会議室で森村が二人に向かって言った。

「社長表彰ですか、このところありませんでしたね」

丹羽が呑み込めない表情で言った。

「社長から表彰されることになった」

「森村課長ですよね」

酒井が笑顔で言った。彼の良い所はいつも笑顔だ。

「そう、なんだ、自分が選ばれた」

「おめでとう御座います。」

酒井が即座に言った。

「表彰される理由は分からないが、モノリシック抵抗入りだと思う。自分より酒井君が頂くのが本意だと思う。モノリシック抵抗入りを完成させたのは酒井君、君の功績だ」

森村は心底そう思っていた。社内の反対を押し切って頑張った酒井の的確な読みと昼夜を厭わず実験をやり続けた努力の賜物だと思った。自分は後方支援しただけだ。

「やり遂げられたのは森村課長の功績です。我々は課長が敷いたレールの上を突っ走っただけです、丹羽さんそうですよね」

「課長の熱意ですよ、熱意は人を動かす魔法の力、課長の口癖、課長の魔法の力に踊らされてここまで来てしまった、僕も課長の頑張り、努力賞ですよ」

「有難う、そう言ってもらえると嬉しい、丹羽君もよく頑張ってくれた。ここまで来られたのも君達二人のお蔭だ、本当に有難う」

森村は立ち上がって二人の手を握った。いい部下をもって本当に良かったと我が身の境遇に感謝した。

「こちらです」

秘書課長の加藤が秘書室にやって来た森村を手招きした。森村が応接室に入るとそこに広報担当の菊池がカメラを胸から下げて末席に座っていた。

「森村さん、宜しく」

菊池は小さな声で言った。本日のインタビューを収録し社内広報誌に掲載する記者を務めるようだ。

「社長が御出でになりました」

秘書課長が応接室の扉を開いて言った。

「お待たせした」

社長はそう言いながら上座に座った。森村と菊池も社長と向き合って座った。森村の心臓の鼓動が高くなった。緊張して下を向いた。

「森村君、社長表彰おめでとう」

はっきりした声で社長が言った。森村は慌てて顔を上げて社長を見た。眩しかった。見慣れている顔だが後光が射しているように見えた。

「五年ぶりの社長表彰だ、よく頑張ってくれた」

「有難う御座いました。大変光栄です」

森村は立ち上がって礼を言った。社長が推薦して役員会の承認を得る恒例になっている。一人だけ社長が候補者を決め役員会に上程するから、よほどのことが無い限り社長一任の形で決まる。社長が決めた候補者に反対する役員はまず居ない。

「社長さん、五年ぶりに森村さんを社長表彰するとお決めになった理由、お聞かせ頂けますか」

広報担当の菊池が遠慮がちに言った。広報に載せる記事を書く重要なポイントだと思ったようだ。

「モノリシック抵抗入りプラグの開発と商品化」

社長が要点のみ短く言った。

「抵抗入りプラグは赤字商品で、営業本部長さんにインタビューしたおり、まだ売り上げに寄与していないようなお言葉がありました。それなのになぜ今なのか、森村さんには失礼ですが、もう少し表彰の根拠をお聞かせ頂けますか」

菊池が森村にすまなそうに言った。表彰される本人を目の前にしての質問だか、インタビュー記事を読んだ社員の疑問を明らかにしておきたいのだろう。菊池は森村が一番に聞きたい質問を明確に言葉にした。森村は菊池に感謝の気持ちを持った。

「営業本部長から赤字で困った商品だと聞いている。特に東京営業所や名古屋営業所の所長から本部長に営業成績が悪くなるから、販路拡大に反対したいと申し入れがあった。営業所単位で損益計算書を本部長に提出しなければならないから、赤字商品があればその分損益計算書の数値が悪くなる。営業所の利益が減少する。

営業所長の評価は損益計算書の数値だけではないが、本部長の立場からすれば収益の高い営業所長を高く評価したい。損益計算書の数値は営業所長の評価になってしまう。だから利益に貢献しない商品の販売に反対したくなる。会社は大きな組織で動いているから各部署それぞれ立場がある。営業所長の立場からすれば儲からない商品を扱いたくないし、敬遠したいのは当然だ。立場、立場で評価も違うし、価値観も違ってくる。営業本部長が抵抗入りプラグにいい顔をしなかったのは立場の違いだ。」

社長が菊池の質問にやや長い答弁をした。それぞれ立場があると強調した。森村は営業所所長連中が抵抗入りプラグに悪い評価をした理由が分かった気がした。誰もが自分の立場を守ろうとする。立場が違えば言い方も、評価も、価値観すら違ってくると理解した。

「抵抗入りプラグは赤字商品と営業本部長が評価されておられるようですが、それなら黒字になってからのほうが皆さん納得されるように思いますが」

菊池がまだ腹に落ちないようで同じような質問を繰り返した。社長表彰は全社員が注目している賞である。インタビュー記事に誤りがあっては許されない、広報担当者の誠意が感じられた。

「菊池君、君も広報誌担当の立場でこの席にいると思う。先ほども言ったように会社は大きな組織で動いている。それぞれの立場で皆さん頑張っておられる。皆さんの頑張りは、会社が収益を上げるためだ。利益追求、これが会社の生命線だ。組織は全力で収益向上に邁進している。収益向上は永遠の課題、今年だけ良ければそれでいい、とんでもない、来年もその次の年も、その次の年も収益を上げ、繁栄し続けねばならない、分かるだろう。

赤字商品だっていつまでも赤字垂れ流しにならず、いずれ収益に貢献する日が来る。それを見極めるのは組織のトップだ。組織のトップを束ねるのは社長、最終的にはトップの社長が決断、実行する」

「良く分かりました。さすが社長さんです」

菊池が社長に敬意を表する発言をした。森村もいい会社に入ってよかったと思った。

「森村君から技術センターで開発途上のモノリシック抵抗入りプラグを見せてもらった。うちの製法と全く異なった造り方だ。抵抗入りプラグの時代が来たらうちの造り方では太刀打ちできないと直感した。Z社の海外販売担当役員から欧州向け点火プラグ全数抵抗入りに切り替えると言われ、森村君の開発した抵抗入りプラグがZ社の純正部品に選ばれた。自動車会社はどこも系列があり、純正部品は系列会社から購入される。だから系列外の我が社は純正部品に入れない。ライバル社の開発が遅れた理由で長年の夢が実現した。森村君は先を読む能力があった、森村君のお蔭で純正に入れた。

ヨーロッパ各国でテレビ放送が始まった時、他国のテレビ放送電波の混信が心配された。自国のテレビ電波を強くすると隣接した他国に侵入、混信するから弱い電波でもテレビ放送が楽しめるようにしなければならない。となれば妨害電波の抑制、法律で規制する。そうだろう、森村君」

「評価して頂き嬉しいです。社長のおっしゃる通りヨーロッパは電波規制があります。自動車から発生する電波雑音を規制値以下に抑える必要があります。早い時期から自動車技術会や自動車工業会など、電波障害防止委員会に出席させて頂き、電波雑音防止技術に関与させて頂きました。電波雑音に興味を抱くきっかけになりました。

電波雑音の発生源は点火プラグですので、点火プラグに抵抗を挿入する抵抗入りプラグの開発を始めました。当社は滑石充填方式ですので、新たにグラスシール方式を開発しました。グラスシール技術を開発したのは酒井君です。彼の頑張りでモノリシック抵抗入りが完成しました。その評価は丹羽君が頑張りました。二人の頑張りでモノリシック抵抗入りプラグは完成したと二人に感謝しております」

森村が発言した。いい部下を持った感謝の気持を社長に伝えたかった。森村の発言を遮るように社長が再び喋りだした。

「テレビ放送が始まって電波の有難さが浸透したね。船、飛行機、自動車、電波の恩恵を受ける機器や道具はいっぱいあって、この分野は益々発展すると思った。電波を使い易いようにクリーンな電波環境を構築する、これも企業の役目だと思う。自動車から発生する電波雑音の根源は点火プラグのようだからなおさらだ。電波障害撲滅。これも我が社の責務だよ」

「森村さんがモノリシック抵抗入りプラグ開発に成功され、クリーンな電波環境構築に貢献した、このことも表彰の理由ですか」

菊池が社長に向かって発言した。

「そうだな、それもある。やはり一番の理由はモノリシック抵抗入りの開発商品化だ。昨年製造した点火プラグと今日造った点火プラグ、外観はまったく変わっていないが、中身に違いがある。日進月歩で進化している。電波雑音防止可能なプラグはこれまでのプラグと全く違う。我が社伝統の製法と異なれば外観は同じでも別物だ。お客さんが別物を欲しいと言われれば、別物を提供する。もし別物が提供できなければどうなるか、仕事を失う。たとえ別物が手造りでコストが高くとも、お客さんが欲しいとなれば、要求に応えなければならない。今回の森村君達が開発したプラグはまさにそれだ。

今コストが高く儲からないからとお客さんに提供できなかったら、我が社はお客を失う。モノリシック抵抗入プラグはこれまでの我が社技術では造れない新技術、新商品だ。グラスシールという新製法だ。我が社の主力商品が防止機能を備え、時代を先取りした全面モデルチェンジだ。いずれ我が社のプラグは全数モノリシック抵抗入りプラグに変わるだろう。素晴らしい快挙だ、社長表彰に十分値する」

なんと度量のある先見性豊かな社長だと森村は心の底から感動した。一番わかって欲しい会社のトップの発言だ。嬉しさが頂点に達した。今なお反対者がいるが理解者もいる。評価されることは無限大の喜びだ。

「良く分かりました。それにしても、社長さん詳しいですね、電波障害についても。森村さんが表彰される理由、明確に理解しました」

菊池は社長が長々と電波障害について述べたことに感心したようだ。森村は社長の器がこんなにも大きいことに感激し、恵まれた境遇に感謝の気持ちになった。

「森村君、よく頑張ってくれた、有難う。モノリシック抵抗入りプラグ商品化と防止器の総合メーカーへの道筋をつけた君の功績は大きい、十分評価に値する」

社長がそう言いながら席を立ち、森村に手を差し伸べた。

「有難う御座います。本当に有難う御座います」

森村は立ち上がって社長の手を力強く握った。カメラの閃光が部屋いっぱいに広がった。会社のトップ、社長がこんなにも自分の職務をよく見ていてくれたことに瞼が熱くなった。

そしてその年の暮れに発刊された社内報の表紙に社長と力強く握手している森村の緊張した姿が大きく載った。もう誰も批判はしないだろう。

終わり

あとがき

このドラマは自動車から発生する電波雑音防止に挑んだ技術者達の物語です。

この物語が始まった頃から早や四十年も過ぎました。電波は人間社会に広く深く浸透し一時も欠かせない文明の利器となりました。電波の恩恵を受けない日はありません。日に何時間もテレビ放送を見ます。世界中の出来事がリアルタイムで放映されます。ブラウン管方式から液晶ディスプレイやプラズマディスプレイ、デジタル放送となって画面は大きく鮮明な画像が送られてきます。

電波恩恵の最たるものは携帯電話でしょう。一人一台どこに居ても通話ができます。写真のやり取りやメール、いながらにして世界中の皆さんと情報交換でき、超便利な携帯電話、電波の素晴らしい能力です。自動車にもカーナビが常備となりました。人工衛星との交信で今自分の車がどこにいるか表示、内蔵された地図上に目的地まで案内してくれます。地図本は不要になりました。安全、快適、自動車に電波を利用した電子機器がドライバーを助けます。

超能力の電波にも弱点があります。雑音電波の混信です。電波はエネルギを持っていますから、発信源から遠くなれば減衰します。ヨーロッパの国々のように隣接していれば他国のテレビ放送波が侵入してきます。発信源の電波を強くできません。雑音電波を抑制してS／N比の向上が課題、雑音電波の発生を極力微弱にしなければなりません。

雑音発生源は至る所に存在します。自然界では雷が有名です。ぴかっと光る稲妻は火花放電電流、この電流で電波が発生します。電気機器の接点開閉時にも小さな火花が発生源になります。電気回路を急激に電流が流れ、パルス状の電流でも時には電波を発します。

自動車が走るとテレビ画面に雑音が入る、郵政省の技官がそんな心配をしました。自動車には多くの電波発生源があると思われたのでしょう。その心配が功を呈して自動車から発生する電波雑音を防止する委員会が設立され、電波障害を防止する研究が始まりました。

東京営業所所長代理としてこの委員会に出席した、入社二年目の電気工学を専攻した技術者森村が電波雑音防止に奔走する物語です。物語は浅間火山レース場広場で行われた公開電波雑音試験から始まります。自工会二輪車対策特別委員会電波妨害部品分科会、長い名称の二輪車から発生する電波妨害を対策する団体です。

X社研究所主任研究員島田分科会長率いるこの分科会で二輪車から発生する電波妨害を実測していました。この物語の主人公森村はこの頃既に電波雑音に精通していました。理由は簡単です。火花点火機関と言われる二輪車や自動車のエンジンに使われる点火プラグが電波妨害の発生源だったからです。点火プラグを製造販売する会社の技術部で火花放電を研究していた森村は早くから火花放電と電波雑音の関連を明らかにしていました。

分科会長率いる二輪車の公開試験でもこの道のプロとして評価は高く、防止器製造ビジネスに夢が膨らんでいきます。妨害電波を撲滅するビジネス、サラリーマン技術者として明快な目標が定まります。近い将来到来する電波全盛までに電波環境をクリーンにしておく、大義名分さえあれば社長も動かせると防止器の総合メーカーを目指す大きな夢が膨らみます。電波雑音発生のメカニズムを理論的に解明し、その具体的な防止策を考案、防止策の理論武装と実践、実験確認、雑音レベルを測定評価する試験場の建設、技術者としての歩みを書きました。自社に無い製造技術への挑戦にも紙面を割きました。会社で大きな動きが出る時必ず反対者が出ます。技術者には反対者を説得する技量も必要です。

何よりも本業消失の危機感が重要です。今生産している製品が別の仕様に変更になる、先を見る目と変更仕様への一早い切り替え、量産仕様の確立です。この物語では点火プラグに防止機能を持たせた抵抗入りプラグへの大幅な仕様変更、まるで別物です。

四十年前、この物語の東洋窯業株式会社が生産していた抵抗入りプラグは月産三十万個総生産に占める割合は少なく二％強、新車組み付け用としての納入もごく少量、然るにどうでしょう、四十年後、総生産数も増大、年間七億本以上となりました。注目は抵抗入りプラグの比率です。実に八十五％、月産五〇〇〇万個以上、自動車メーカーの新車組み付けＯＥＭは一〇〇％抵抗入りプラグになりました。森村が四十年前に予想した通りになりました。

あの時カートリッジタイププからモノリシック抵抗入りプラグへ切り替えを怠っていたら会社の存亡も危うかったかもしれません。本業消失の危機はどこの会社にも存在します。この物語は本業消失の危機を、一隅を照らす灯とした技術者達の熱意で回避しました。妨害電波を元から撲滅して電波環境をクリーンにする目標に向かって。

そして、その一角を照らす事が出来た技術者達、電波とは何なのか、妨害電波とは、その防止技術とは、これ等を明らかにした主人公森村、電波と関わったほんの一部かもしれませんが、過ぎて想えば自社の製品を世界一にした幸せな技術者だったかもしれません。

マイナス㊀の電気　プラス㊉の電気

森村の人生に大きく関与した鶴舞商会の加藤専務は他界されました。日に十二時間以上野外測定が常だった分科会長島田さんも他界されました。森村の直属の上司、二階級特進され企画室長になられた渡辺さんも、技術部長だった後藤さん、モノリシック抵抗入りに反対された製造部長の山田さんもあの世に旅立たれました。

時はさらに流れて森村も丹羽も酒井も定年退職となりました。四十年の時を隔てても忘れてほしくない物語があります。それは次の世代へ続く技術の継承です。電気の世界はプラス＋とマイナス－、この世の生き物すべてがここから始まります。継承してこそ永遠の繁栄ありの思いで、この物語を書きました。

平成二十六年五月二八日　著者記す

西尾 兼光（にしお　かねみつ）

昭和14年8月愛知県に生まれる。
愛知県立愛知工業高校、名城大学理工学部卒業、東京大学より学位取得、工学博士
日本特殊陶業株式会社入社。点火プラグの技術開発に従事、技術部長、常務取締役自動車関連事業部副本部長、専務取締役、米国センサー株式会社社長、米国WV州とデトロイトに駐在、日本特殊陶業嘱託、顧問等歴任、元名城大学非常勤講師
著書に“エレクトロニクス—この不思議な電気の世界”、“ドイツの名車BMWに挑んだNGKプラグの技術者たち”、“リチウムイオン電池に挑む”、“自動車の排気ガス浄化に挑む”、“エンジン制御用センサー”、“スパークプラグ”などがある。
現在、技術コンサルタント・作家
岐阜県白川町で再生可能エネルギー、マイクロ水力発電に挑戦中。

自動車から発生する**電波雑音に挑む**

2015年8月1日　初版発行

著　者　　西尾 兼光
定　価　　本体価格2,000円+税
発行所　　株式会社　三恵社
〒462-0056 愛知県名古屋市北区中丸町2-24-1
TEL 052-915-5211　FAX 052-915-5019
URL http://www.sankeisha.com

ISBN 978-4-86487-393-2 C0093 ¥2000E